化学の要点
シリーズ
28

半導体ナノシートの光機能

日本化学会 [編]
伊田進太郎 [著]

共立出版

『化学の要点シリーズ』編集委員会

編集委員長	井上晴夫	首都大学東京 特別先導教授 東京都立大学名誉教授
編集委員 （50音順）	池田富樹	中央大学 研究開発機構　教授 中国科学院理化技術研究所　教授
	伊藤　攻	東北大学名誉教授
	岩澤康裕	電気通信大学 燃料電池イノベーション 研究センター長・特任教授 東京大学名誉教授
	上村大輔	神奈川大学特別招聘教授 名古屋大学名誉教授
	佐々木政子	東海大学名誉教授
	高木克彦	有機系太陽電池技術研究組合（RATO）理事 名古屋大学名誉教授
	西原　寛	東京大学理学系研究科　教授
本書担当編集委員	高木克彦	有機系太陽電池技術研究組合（RATO）理事 名古屋大学名誉教授

『化学の要点シリーズ』
発刊に際して

　現在，我が国の大学教育は大きな節目を迎えている．近年の少子化傾向，大学進学率の上昇と連動して，各大学で学生の学力スペクトルが以前に比較して，大きく拡大していることが実感されている．これまでの「化学を専門とする学部学生」を対象にした大学教育の実態も大きく変貌しつつある．自主的な勉学を前提とし「背中を見せる」教育のみに依拠する時代は終焉しつつある．一方で，インターネット等の情報検索手段の普及により，比較的安易に学修すべき内容の一部を入手することが可能でありながらも，その実態は断片的，表層的な理解にとどまってしまい，本人の資質を十分に開花させるきっかけにはなりにくい事例が多くみられる．このような状況で，「適切な教科書」，適切な内容と適切な分量の「読み通せる教科書」が実は渇望されている．学修の志を立て，学問体系のひとつひとつを反芻しながら咀嚼し学術の基礎体力を形成する過程で，教科書の果たす役割はきわめて大きい．

　例えば，それまでは部分的に理解が困難であった概念なども適切な教科書に出会うことによって，目から鱗が落ちるがごとく，急速に全体像を把握することが可能になることが多い．化学教科の中にあるそのような，多くの「要点」を発見，理解することを目的とするのが，本シリーズである．大学教育の現状を踏まえて，「化学を将来専門とする学部学生」を対象に学部教育と大学院教育の連結を踏まえ，徹底的な基礎概念の修得を目指した新しい『化学の要点シリーズ』を刊行する．なお，ここで言う「要点」とは，化学の中で最も重要な概念を指すというよりも，上述のような学修する際の「要点」を意味している．

本シリーズの特徴を下記に示す.

1) 科目ごとに，修得のポイントとなる重要な項目・概念などをわかりやすく記述する.

2)「要点」を網羅するのではなく，理解に焦点を当てた記述をする.

3)「内容は高く」,「表現はできるだけやさしく」をモットーとする.

4) 高校で必ずしも数式の取り扱いが得意ではなかった学生にも，基本概念の修得が可能となるよう，数式をできるだけ使用せずに解説する.

5) 理解を補う「専門用語，具体例，関連する最先端の研究事例」などをコラムで解説し，第一線の研究者群が執筆にあたる.

6) 視覚的に理解しやすい図，イラストなどをなるべく多く挿入する.

本シリーズが，読者にとって有意義な教科書となることを期待している.

『化学の要点シリーズ』編集委員会

井上晴夫（委員長）

池田富樹　伊藤　攻　岩澤康裕　上村大輔

佐々木政子　高木克彦　西原　寛

まえがき

　筆者が半導体ナノシートの研究を始めたきっかけは，2005 年に熊本大学に助教として着任し，研究室の松本泰道教授から酸化チタンや酸化ニオブのナノシートを用いて新しい発光材料の研究をするように言われたことである．その当時から半導体特性を示す酸化物ナノシートの報告は多数あったが，ナノシートの再構築によって作製した積層膜や層状体の物性・機能評価に関する報告が主で，半導体ナノシート 1 枚の物性やその光機能に注目した研究は現在ほど多くなかったと記憶している．ただ，そのころグラフェンに関する論文が発表され，その後，1 枚のナノシートの物性に着目した研究速度が格段に加速した．そのような状況が 10 年以上続き，現在でもナノシートに関する論文数は伸びつつある状況である．私はその後，発光材料だけではなく，半導体ナノシートを用いた光触媒，電極触媒，光電極，誘電体材料の研究・開発に携わる機会をいただいた．本書では，特にナノシートの半導体特性が重要となる，光触媒，光電極，発光材料を中心にして紹介する．これらの分野は光エネルギー変換を達成できる分野であり，今後もますますの発展が期待されている分野である．

　さて，化学をベースに大学で勉強をしてきた筆者が半導体ナノシートの研究を開始して最初に戸惑ったことは，半導体の基礎物性を理解するためには，式が多い物理寄りの教科書を理解しなければならず，苦労したことであった．また，最近は多くのナノシートに関する論文や書籍があるため，これからナノシートの研究を始めようとしている学生や研究者の方から，何か参考書や論文を推薦してくれませんかという声も聴く．

これらを踏まえて本書は，第1章でナノシートの基本的な特徴・合成方法などの特徴を紹介する．第2章では「半導体の基礎」を設け，化学を専門として勉強してきた読者が，できるだけ低い障壁で半導体の基礎物性を理解できるように心がけた．そのため半導体工学を専門とする読者には，誤解を与えるような表現があるように思うかもしれないが，ご理解いただきたい．第3章では半導体ナノシートの光電気化学特性について，バルク半導体電極とナノシート半導体電極の違いを紹介しながら，ナノシート内部で光励起した電子や正孔がどのように移動し反応するかを示す．第4章ではナノシートを用いた光触媒について紹介し，ナノシート光触媒の利点，単原子反応サイトの導入方法，ナノシートpn接合型光触媒について示す．第5章ではナノシートを用いた発光材料として，赤・緑・青に発光するシート，外部刺激に応じて発光色を変化させるシート，異種ナノシートの張り合わせによる発光増強，スペクトルホールバーニングなど，多岐にわたる発光特性を示す．

本書を読むことで，半導体ナノシートの理解が進んだり，新しく興味をもったり，本書の情報が何かの問題解決に役立てれば，筆者としてこの上ない喜びである．

目　　次

第1章　半導体ナノシートとは ……………………………………1

1.1　ナノシートの定義 ………………………………………………1
1.2　ナノシートの種類と特徴 ………………………………………3
1.3　層状化合物の剝離 ………………………………………………6

第2章　半導体の基礎 ……………………………………………15

2.1　半導体の電導性 ………………………………………………15
2.2　キャリア密度，移動度および電子・正孔の有効質量 ………19
2.3　p型およびn型半導体 …………………………………………24
2.4　フェルミ準位 …………………………………………………27
2.5　半導体と金属の接合 …………………………………………28
2.6　pn接合 …………………………………………………………32
2.7　直接遷移と間接遷移 …………………………………………34
2.8　バンド構造 ……………………………………………………37
2.9　励起子 …………………………………………………………39
2.10　量子サイズ効果 ………………………………………………42

第3章　半導体ナノシートの光電気化学特性 ………………47

3.1　金属電極と半導体電極の違い ………………………………47
3.2　TiO₂電極の光電気化学特性 …………………………………52
3.3　TiO₂ナノシート電極の光電気化学特性 ……………………56

viii　目　次

3.4　半導体ナノシート内部のキャリアの移動 ……………………58

第4章　半導体ナノシート光触媒 ……………………………**63**

4.1　ナノシート光触媒の利点 ……………………………64
4.2　光触媒の薄膜化 ……………………………………65
4.3　助触媒の役割 ………………………………………67
4.4　可視光応答性ナノシート ……………………………72
4.5　ナノシート pn 接合 …………………………………73
　4.5.1　NiO シートと n 型-$Ca_2Nb_3O_{10}$ シートの接合 ……74
　4.5.2　ナノシート pn 接合での電位勾配の形成 …………77
　4.5.3　ナノシート pn 接合での電荷分離 ………………79
　4.5.4　ナノシート pn 接合表面のバンドモデル図 ………80

第5章　発光ナノシートおよび層状体 ………………………**85**

5.1　希土類含有ペロブスカイトナノシート ………………85
　5.1.1　ペロブスカイトナノシート ……………………85
　5.1.2　ナノシート化に伴う発光スペクトルの変化 ………89
　5.1.3　pH に応答するナノシートの発光 ………………91
　5.1.4　磁場に応答するナノシートの発光 ………………92
5.2　希土類含有水酸化物ナノシート ……………………93
5.3　濃度消光が起こりにくい発光ナノシート ……………96
5.4　発光中心の直接観察 ………………………………100
5.5　ナノシートから層状体へ …………………………101
　5.5.1　静電自己組織的析出法 …………………………101
　5.5.2　ナノシート層状体の発光の湿度依存性 …………103
　5.5.3　ナノシート層状体のスペクトルホールバーニングと

pH 応答　…………………………………………………104

参考文献…………………………………………………**106**

索　　引…………………………………………………**107**

コラム目次

1. TiO_2 ナノシートの量子サイズ効果 ································ **4**

2. MoS_2 のナノシート化に伴うバンド構造の変化 ············· **12**

3. 異種ナノシートの積層による強誘電性の発現 ··············· **23**

4. ナノシートの移動度 ··· **36**

5. カーボンナイトライドナノシート ····························· **43**

6. シリセン ··· **60**

7. 金属錯体ナノシート ·· **70**

8. 光触媒の反応サイトはどこ？ ································· **76**

9. 低エネルギーイオン散乱法 ···································· **96**

10. 電圧印加によるナノシート膜の発光の ON-OFF 制御 ······ **98**

第1章

半導体ナノシートとは

半導体ナノシートとは，厚さ約1 nmと非常に薄い半導体特性を示す材料である．人間の髪の毛が0.1 mm程度であり，1 nmとはその10万分の1であるので，この厚さがどれほど薄いか想像できるであろう．半導体とは，電気抵抗が小さい金属と電気抵抗が大きい絶縁体の中間の抵抗を示す材料を示すが，電気をほとんど流さない，バンドギャップが3〜4 eVの場合でも半導体とよぶことがある．2000年頃から，この半導体ナノシートという材料を使った研究が物理や化学の最先端の研究領域で注目されるようになってきており，2009年には炭素原子1個の厚さのグラフェンナノシートの研究に対してノーベル物理学賞が授与されている．本章では，一般的なナノシートの定義や特徴，種類について概説し，半導体ナノシートとしての特徴を，いくつかの具体例を挙げて説明し，どのような分野で研究が進められているかを紹介する．

1.1 ナノシートの定義

ナノシートというキーワードで材料検索すると，厚さが10 nm程度の二次元材料やナノ粒子から形成されたナノ膜など，さまざまなナノサイズの厚みの材料が挙がってくる．本書では，このようなナノシートのなかで，特に層状化合物を剥離することで得られる二

次元平面結晶のみをナノシートと定義する．合成や剥離方法の詳細は 1.3 節で説明する．上記の層状化合物とは，周期的な層状構造物質をさす．たとえば，A 層と B 層が交互に積層した ABABABAB… といった周期的構造をもつ結晶をイメージしてほしい．この場合 A 層，B 層それぞれの厚さは結晶にもよるが，たかだか数ナノメートルである．剥離操作は，このような周期的な構造を化学的あるいは機械的な処理により，層状構造を形成する基本的パーツの A や B に剥離する操作である．剥離により得られた A，B 層はナノメートルサイズの厚さであり，平面的には剥離される前の層状化合物とほぼ同じ大きさ，数百ナノメートル〜数マイクロメートル程度なので，ナノシートとよばれる．ナノシートの種類にもよるが，その厚さは分子レベルの 0.2〜1.5 nm 程度である．

このようなナノシートの特徴として，その厚さは剥離される層状構造の単一層の厚さと一致するため，基本的には 1 枚のシートの厚さは原子レベルで均一であり，たとえば，厚さが 1.1 nm のナノシートであれば，そのシートの厚さはどこを測定しても 1.1 nm となる（図 1.1）．これまで多くのナノ材料合成の方法が開発・提案されているが，ナノ材料の厚みを厳密に原子レベルで安定に制御できる手法は層状化合物の剥離を経由した方法以外にはほとんどな

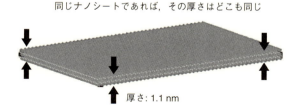

図 1.1　典型的なナノシートのモデル構造

い．一方，一般的にはシートの平面サイズは，50～10,000 nm 程度と不均一であり，形状も異なる．しかしながら，均一な形状の層状化合物を用いて剥離条件を精密にコントロールすると，形状が六角形などに制御されたナノシートを得ることもできる．

1.2 ナノシートの種類と特徴

ナノシート半導体としては，二硫化モリブデン（MoS_2）ナノシートなどの硫化物，酸化チタン（TiO_2）ナノシートのような酸化物，窒化ホウ素（BN）ナノシートのような窒化物，水酸化物ナノシートなどさまざまなものがある．このようなナノシートは図1.2に示すような層状構造を剥離することによって得ることができる．このような層状構造は結晶のデータベースから検索することができる．剥離手法は層状物質に応じて開発する必要があるが，層状構造

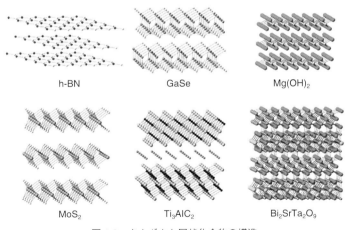

図1.2 さまざまな層状化合物の構造

4 第1章 半導体ナノシートとは

をもつ物質であれば，ナノシートが得られる可能性があるので，興味があれば挑戦してみてほしい．グラフェンのようにノーベル賞につながる研究になるかもしれない．

　図1.3に，具体的な酸化物半導体ナノシートの構造とその原子間力顕微鏡像を示す．既述のように，ナノシートは1枚1枚の形状が不均一であるが，その厚さは1.0 nm程度と非常に薄いことがわかる．以下にナノシートの一般的な特徴をまとめる．

(1) 非常に高い二次元異方性を有する物質である．

　厚みは原子レベル，横サイズがバルクレベルという分子とバルク

コラム1

TiO₂ナノシートの量子サイズ効果

　半導体の大きさを原子の数ナノメートル程度まで小さくすると，電子がその領域に閉じ込められ，電子の状態密度は離散化される．その結果，電子の運動の自由度が極端に制限されるために，その運動エネルギーは増加する．したがって，粒子径が小さくなるにつれて，バンドギャップエネルギーが増加する．またこのような閉込め効果は膜厚方向にだけはたらき，層面内では電子は自由運動すると考えられている．たとえば，層状チタン酸の剥離で得られるTiO_2ナノシートの場合，その厚さは約0.7 nmである．TiO_2ナノシートのバンドギャップは3.8 eVと，一般的なTiO_2のバンドギャップ3.2 eVと比較して大きく，量子サイズ効果が発現していることがわかる（図）．量子サイズ効果により，価電子帯が0.48 eV，伝導帯が0.12 eVほど広がる．バンドギャップの広がりとナノシートの厚さから電子の有効質量を求めることができ，さらに電子の有効質量から励起子のボーア（Bohr）半径を求めることができる．TiO_2ナノシートの場合，その値は0.37 nmであり，その直径0.74 nmはTiO_2ナノシートの厚さ，0.7 nmよりも大きい [1]．このように量子サイズ効果が発現

1.2 ナノシートの種類と特徴　5

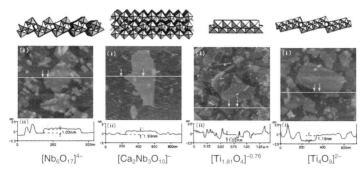

[Nb$_6$O$_{17}$]$^{4-}$　　[Ca$_2$Nb$_3$O$_{10}$]$^-$　　[Ti$_{1.81}$O$_4$]$^{-0.76}$　　[Ti$_4$O$_9$]$^{2-}$

図1.3　酸化物ナノシートのモデル構造とその原子間力顕微鏡像

するためには，励起子のボーア直径がナノシートの厚さよりも大きくなる必要がある．

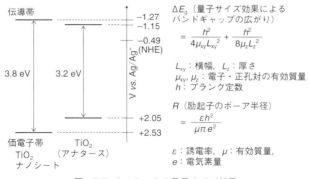

ΔE_g（量子サイズ効果による
バンドギャップの広がり）

$$= \frac{\hbar^2}{4\mu_{xy}L_{xy}^2} + \frac{\hbar^2}{8\mu_z L_z^2}$$

L_{xy}：横幅，L_z：厚さ
μ_{xy}, μ_z：電子・正孔対の有効質量
h：プランク定数

R（励起子のボーア半径）

$$= \frac{\varepsilon \hbar^2}{\mu \pi e^2}$$

ε：誘電率，μ：有効質量，
e：電気素量

図　TiO$_2$ナノシートの量子サイズ効果

[1] Sakai, N., Ebina, Y., Takada, K., Sasaki, T., *J. Am. Chem. Soc.*, **126**, 5851 (2004).

の二面性を持ち合わせた物質である.

(2) 基本的に1枚のシートは単結晶である.

　層状結晶を剥離してホスト層を1枚取り出した物質であるので,シート内では構成原子が規則正しく配列し,結晶性が非常に高い.

(3) 表面原子/内部原子比が1に近い.

　ナノシートを構成するほとんどの原子は表面に位置している.そのため触媒材料としては理想的な構造をもつ.

(4) 多くのナノシートは電荷をもっている.

　プラス電荷および,マイナス電荷をもつナノシートがあり,その静電的な相互作用を利用し,ナノシートをビルディングブロックとして三次元構造を再構築することができる.

1.3 層状化合物の剥離

　これまで剥離された層状物質のほとんどすべてが,電荷をもったホスト層が積み重なり,その間に電荷補償の役割をもつゲストイオンが収容されている構造である.そのため,層剥離によって得られるナノシートは電荷を帯びている.一般的に層状酸化物はホスト層がマイナス電荷,ゲスト種がプラス電荷であり,層状(複)水酸化物はホスト層がプラス電荷,ゲスト種がマイナス電荷を帯びている.このような層状化合物を単層剥離するにはホスト層間隔を実質的に無限遠にまで拡大させる必要がある.そのため,層どうしの強い静電的相互作用を断ち切ることが鍵となり,さまざまな反応操作が用いられる.この相互作用の強さはホスト層内の電荷密度に依存し,ホスト層の組成・構造によって定まる.負電荷密度の低いスメクタイト系の粘土鉱物では,層間に水和エネルギーの大きいLi^+やNa^+が含まれている場合,水中に投入するのみで剥離する.しかし,層状チタン酸化物などの層電荷密度が大きいものではかさ高い

ゲストイオンを挿入し，機械的に層間隔を拡大させて剝離に導く手法が用いられる．剝離剤としては，第四級アンモニウムイオンが多くのホスト化合物の剝離に有効であるが，対象とする層状ホスト化合物によって千差万別であり，現在のところ万能なものはない．また試薬濃度，固液比などの選択が剝離の可否に重要な要因となる．剝離剤は酸・塩基相互作用を通じて層間に導入されることが一般的であり，そのためアルカリ金属塩として得られる層状ホスト化合物は酸水溶液と反応させて層間のアルカリ金属イオンをあらかじめプロトン（H$^+$）に置換しておくことが多い．図1.4に示すの

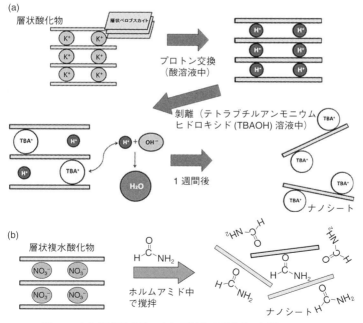

図1.4 （a）層状酸化物，（b）層状複水酸化物の剝離システム

8   第1章　半導体ナノシートとは

は，チタン酸カリウム（$K_2Ti_4O_9$）やニオブ酸カリウムカルシウム（$KCa_2Nb_3O_{10}$）などの層間ゲスト種として K^+ を含む層状化合物からナノシートを合成するプロセスである．このような層状酸化物は一般的な固相法によって作製することができる．次に酸で粉末を数日撹拌し，層間の K^+ をプロトンに交換する．数回洗浄後，テトラブチルアンモニウムヒドロキシド（TBAOH）水溶液などの有機アンモニウムイオンを含む塩基性溶液で撹拌すると，層間にかさ高い TBA^+ イオンがインターカレート（挿入）され，層間距離が広がってナノシートへと剥離される．層状複水酸化物の場合，層間のアニオンを NO_3^- や Cl^-，ドデシル硫酸イオン（$C_{12}H_{25}OSO_3^-$）にイオン交換した後，ホルムアミド（$HCONH_2$）中で撹拌するとナノシートを得ることができる．ホルムアミド分子の C＝O が水酸化物層と吸着しやすいため，層にホルムアミドがインターカレートされ，その結果，層どうしの相互作用も弱まりナノシートに剥離する．

　実際のナノシートの合成方法を見ていこう．組成と構造が少し複雑であるが，$Bi_2SrTa_2O_9$ という組成の層状体から $SrTa_2O_7$ ナノシートを合成する場合を説明する．この層状酸化物は，図1.5に示すように Bi_2O_2 層とペロブスカイト構造をもつ $SrTa_2O_7$ 層が交互に整列した構造をもつ．組成や構造は複雑であるが，作り方は非常に簡単である．まず，試薬のカタログから注文した酸化ビスマス（Bi_2O_3），炭酸ストロンチウム（$SrCO_3$），酸化タンタル（Ta_2O_5）を Bi：Sr：Ta の各元素の化学量論比が目的の層状体の組成である2：1：2になるようにそれぞれを秤量して全体の重さが5g程度になるよう調整する．次に，乳鉢でよく混合した後，アルミナのるつぼに入れ大気下で 1100℃ で5時間程度焼成すると，図1.5に示すような構造体を得ることができる．これは Bi：Sr：Ta の比が2：1：2のとき 1100℃ の大気中では，熱力学的に図のような構造が安定なため

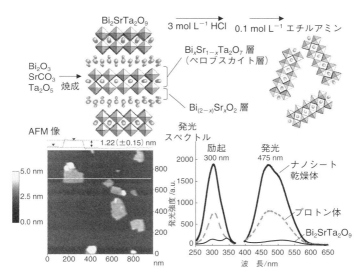

図 1.5 $Bi_2SrTa_2O_9$ の合成・剥離とそのナノシートの発光特性 [9]

である．このとき，$SrCO_3$ の C は熱処理中に二酸化炭素として放出されるため，炭素は結晶中に取り込まれない．

この層状体をナノシートに剥離するには層状体を酸性水溶液中（3 mol L^{-1} HCl）で撹拌処理して Bi_2O_2 層を溶解させ，プロトンと置換する．$SrTa_2O_7$ 層は酸中で安定なため溶解しない．結果として，酸処理により Bi_2O_2 層が溶解しプロトンと置換した $H_2SrTa_2O_7$ という組成の層状体に変換される．次にこの層状体粉末を 0.01〜0.1 mol L^{-1} 程度のエチルアミン（$C_2H_5NH_2$）や TBAOH 水溶液などの有機アンモニウム水溶液中で撹拌処理すると，有機アミンが多量の水分子を引き連れて層間にインターカレートされる．この反応は，層間のプロトンと水溶液中の OH$^-$ の中和反応が起こって，層間に電気的中性を補償するために有機アンモニウムイオンがインターカレー

10　第1章　半導体ナノシートとは

トするとも考えられる．ここで重要なことは，プロトンよりもかさ高い有機アンモニウムイオンと同時に多くの水分子が層間に入ることである．

このようなインターカレーション反応により，層間距離が有機アンモニウムイオンの直径以上に拡大し，同時にインターカレートされた水分子の存在により1層が水和安定化する．その結果，水溶液中でナノシートとして剥離する．この1層が半導体ナノシートであり，原子間力顕微鏡（AFM）像を観察すると1 nm程度のシートを確認することができる（図1.5左下）．

さて，このような剥離反応に伴う構造変化により新しい物性が観察される場合がある．$Bi_2SrTa_2O_9$層状体の場合，層状構造が$SrTa_2O_7$ナノシートに剥離されるときにその発光特性が変化する．層状体に紫外線を照射すると，非常に弱い緑色発光（530 nm）が観察されるが，そのナノシートでは青色発光（475 nm）が観察される（図1.5右下）．これはBi^{3+}の濃度消光が起こらなくなったためと考えられている．濃度消光とは発光中心が材料内に多数存在すると発光中心間のエネルギー移動が起こりやすくなり，その過程で熱失活が起こり，発光効率が減少する現象である．ここで読者は$SrTa_2O_7$ナノシートにBiイオンは存在しないのになぜ？　と思うかもしれないが，実は，層状構造ができるときにBi_2O_2層のBi^{3+}と$SrTa_2O_7$層のSr^{2+}が一部交換されているためである．Bi^{3+}は発光を示すが，プロトン交換前にはBi_2O_2層に多くのBi^{3+}が存在するため濃度消光を起こしている．しかしながら，ナノシートになる過程でBi_2O_2層がプロトンに置換されるため濃度消光がなくなり，発光が強くなる．そのため，プロトン交換体も青色に発光する．

剥離処理後のナノシートは水溶液に分散した状態である．粉末として取り出すためには，ナノシート分散溶液から遠心分離操作によ

り剥離剤を除去した後，再度水に分散して，凍結乾燥処理をする必要がある．ナノシートは元来シートの形状をしているので，凍結乾燥により得られた粉末は綿状の弾力性のあるものである．

次に形状が制御されたナノシートの合成例として，層状水酸化ニッケルの剥離を見てみよう（図1.6）．形状を制御するための重要なポイントとしては2点あり，一つ目は形状が制御された層状体をつくることである．二つ目は，その形状が制御された層状体の二次元構造を壊さないように剥離することである．層状水酸化ニッケルは次のようにして合成できる．硝酸ニッケル（Ⅱ）（$Ni(NO_3)_2$）とヘキサメチレンテトラミン，ドデシル硫酸ナトリウム（$C_{12}H_{25}OSO_3Na$）を適切な濃度で混合した水溶液を準備し，圧力釜（水熱合成装置）に入れ，撹拌しながら120℃で1日放置すると，図1.6に示すような水酸化ニッケル層とドデシル硫酸イオン層が交互に並んだ六角柱

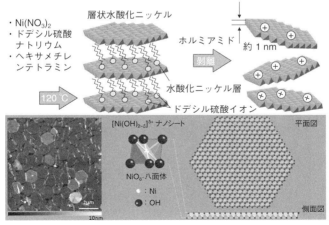

図1.6 層状水酸化ニッケルの合成・剥離プロセス［12］

12   第1章　半導体ナノシートとは

の結晶を得ることができる．この反応では，水溶液を 120℃ に熱
すると溶液中のヘキサメチレンテトラミンが熱分解してアンモニア
を生成する．アンモニアが生成すると溶液の pH が上昇し，溶液中
の Ni^{2+} は水酸化物を形成するようになる．水酸化物を形成すると
きに，溶液中のドデシル硫酸イオンを同時に結晶内に取り込むこと
で層状体を形成する．次にこの層状体をホルムアミドに分散させ
40℃ で3日間放置すると，水酸化ニッケル層がその構造を維持し
たままゆっくりと剥離する．図 1.6 下段左に合成した六角形のナノ
シートの AFM 像を示す．

コラム2

MoS₂のナノシート化に伴うバンド構造の変化

　半導体をナノシート化することで半導体の構造が大きく変わり，励起が間接
励起から直接励起に変わったりするナノシートが存在する．層状構造をもつ
MoS_2 は間接遷移型のバンド構造をもつが，単層に剥離された MoS_2 ナノシー
トは直接遷移型のバンド構造に変化する [1,2]．図(a)，(b) に層状 MoS_2 と
単層 MoS_2 ナノシートのバンド図を示す．横軸は波数空間（k 空間），縦軸は
エネルギーを表している．層状 MoS_2 の場合，価電子帯の頂点，すなわち電子
が詰まっている最高のエネルギー位置と伝導帯の底点，すなわち，電子を受け
入れることができる最低のエネルギー位置に対応する k 空間の座標が異なる．
このようなバンド構造をもつ半導体は間接遷移型の半導体に分類される．この
ような間接遷移では，フォノンの助けを借りて初めてバンド間遷移が可能にな
るため，光吸収は弱くなる．一方，MoS_2 ナノシートのように伝導帯の底点と
価電子帯の頂点が同じ波数位置にある場合は直接遷移型の半導体に分類され，
価電子帯の電子が光を吸収して伝導帯に直接遷移することができ，光吸収は強
くなる．また，直接遷移型の半導体だと励起した電子が価電子帯に戻るときに
そのエネルギーを光として放出しやくなる．そのため，MoS_2 半導体をナノ

層状水酸化ニッケルがナノシートに剥離するメカニズムはまだよくわかっていないが,ホルムアミド分子のC=Oが水酸化ニッケル層と吸着しやすいため,層内にホルムアミドがインターカレートされ,その結果,もともと層間にいたドデシル硫酸イオンのアルキル鎖どうしの相互作用が弱くなるため,層どうしの相互作用が弱くなりナノシートに剥離すると思われる.

シート化すると層状体よりも強い発光を得ることができる(図(c)).

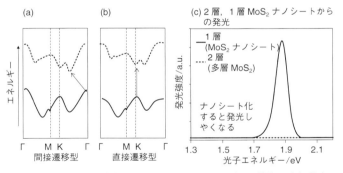

図 (a) 多層 MoS₂,(b) 単層 MoS₂ ナノシートのバンド構造と (c) 発光特性

[1] Li, T., Galli, G., *J. Phys. Chem. C*, **111**, 16192(2007).
[2] Mak, K. F., Lee, C., Hone, J., Shan, J., Heinz, T. F., *Phys. Rev. Lett.*, **105**, 136805(2010).

第2章

半導体の基礎

　半導体ナノシートの物性を理解するためには，半導体についての知識が必要である．そこで本章では，半導体ナノシートの物性を理解するうえで必要な半導体物性に関する基礎を，できるだけ簡潔に説明する．

2.1　半導体の電導性

　半導体の電気抵抗は温度が上昇すると減少する．つまり半導体を温めると電気が流れやすくなる．一方，金属の電気抵抗はその逆であり，温めると電気が流れにくくなる．なぜだろうか？　まずは真性半導体を例にとって考えてみよう．電気が流れるということは，電子が半導体中を動いていることであり，半導体材料内で電子がどのように存在しているかをイメージする必要がある．たとえば図2.1(a) は半導体材料での電子が座ることができる椅子の配置図，つまり状態密度を示している．縦軸はエネルギーを表しており，高いところの椅子に座った電子が低いところよりも大きなエネルギーをもつ．横軸は椅子の数を表している．次にこの椅子に電子を座らせていく場合，座り方にはある決まりがある．第一の決まりは，安定なエネルギーをもつ椅子から着席していくことである．温度が絶対零度のときの電子の着席状態，つまり占有状態密度は図2.1(c)

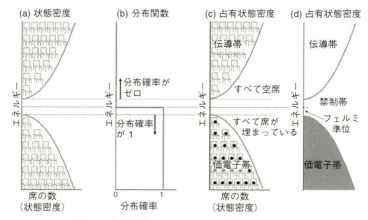

図 2.1 絶対零度における真性半導体のバンド構造

のようになる．椅子の配置図をみて気づくのは，あるエネルギー領域では，椅子が配置されていないことがある点である．一般的に下側の椅子の配置を価電子帯，上側の配置を伝導帯，椅子が配置されていない間を禁制帯とよび，価電子帯と伝導帯のエネルギー差を禁制帯もしくはバンドギャップという（図 2.1(d)）．絶対零度では価電子帯を構成する椅子すべてに電子が着席し，伝導帯を形成するすべてが空席のままである．そのため，電子は隣の席に移動しようとしても席が満席なので動けず，また伝導帯に移動するためにはエネルギーが必要なので電気が流れない．さて，先に説明したように半導体を温めると電気が流れやすくなるのは，熱励起によって価電子帯の電子が伝導帯に励起するためである．この励起電子は空席だらけの伝導帯を動くことができるので，電荷を運ぶことができる．一方，電子が励起された価電子帯には空席の椅子，つまり正孔ができるので，隣の電子はその椅子に移動することができる．そのとき，

2.1 半導体の電導性　*17*

移動した電子が座っていた椅子が空席となるので，価電子帯では正孔が移動することで電荷を運ぶことができる．

　これをもう少し詳しく見てみよう．そのためには，フェルミ(Fermi) 準位のエネルギー，電子の分布確率，温度の3つの関係を理解する必要がある．まず，フェルミ準位とは一般的には電子の存在確率が1/2のエネルギーの位置をさす．図2.1(c) のような電子の占有状態密度の場合では，フェルミ準位はどこだろうか．伝導帯の座席はすべて空席なので，伝導帯における電子の分布確率はゼロとなる．一方，価電子帯の座席はすべて着席されているので，価電子帯における電子の分布確率は1である（図2.1(b)）．禁制帯には電子が着席できる椅子はないが，伝導帯と価電子帯のちょうど中間では確率的に電子の存在確率は1/2になるので，真性半導体の場合は，伝導帯と価電子帯のちょうど中間がフェルミ準位となる．絶対零度における電子の分布確率を図2.1(d) のような電子配置に当てはめると，フェルミ準位では1/2で，そのフェルミ準位よりも上では分布確率は0となり，下側では分布確率は1となる（図2.1(b)）．一般的に各エネルギーに対応する椅子の数を状態密度，各エネルギーに対応する椅子に電子が着席している数は占有状態密度とよばれ，占有状態密度＝分布確率×状態密度となる．

　ここでエネルギー E をもつ電子の分布確率 $f(E)$ は，フェルミ準位のエネルギーと温度の関数である（2.1）式で表すことができる．

$$f(E) = \frac{1}{1 + \mathrm{e}^{(E-E_\mathrm{F})/kT}} \tag{2.1}$$

この式は，温度が上昇すると，フェルミ準位 (E_F) よりも上側のエネルギーでも電子の存在確率がゼロにならないことを意味しており，温度上昇とともに対応するエネルギーの分布確率が増加する．

絶対零度における電子の分布確率を示した図として，横軸が電子の分布確率，縦軸が電子のエネルギー（E）の図 2.1(b) に対応する．絶対零度では，伝導帯下端の椅子があっても，そのエネルギーに対応する電子の分布確率がゼロになるのでその椅子に電子が座ることが許されないが，温度が上がると電子分布確率は図 2.2(b) のような曲線になり，伝導帯のエネルギーに対応する電子の分布確率がゼロではなくなり，電子は椅子に座ることができる．

もう一度，図 2.1 と図 2.2 を用いて，絶対零度のときと $T>0$ K のときの伝導帯の占有状態密度を状態密度と分布確率の観点から見てみよう．絶対零度のときの伝導帯下端における状態密度では電子が座れる空席の椅子 1 個がある．しかしながら，その椅子のエネルギー準位はフェルミ準位よりも大きいのでゼロである．つまり占有状態密度 = 1×0 = 0（ゼロ）となる．$T>0$ K のときも同様に，伝導帯下端における状態密度は電子が座れる空席の椅子 1 個である

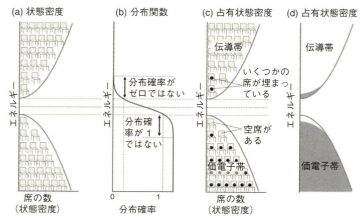

図 2.2　有限の温度 $T>0$ における真性半導体のバンド構造

が，その椅子のエネルギー準位における電子の分布確率は，ゼロではない値 a をもつ．そのため，占有状態＝$1 \times a = 1a$ となり，有限の値をもつようになり，伝導帯に電子がある一定量存在することになるので，電気伝導性が観察される．伝導帯中の電子の総和は，伝導帯の下端のエネルギーからそれよりも大きいエネルギーをもつ椅子の状態密度とその状態密度に対する分布確率の積の総和で表すことができる．

　半導体がナノシート化するとバンド構造はどうなるのだろうか．電子が軌道に埋まっていく規則は変わらないが，禁制帯の幅や，伝導帯の下端・価電子帯の上端位置や，状態密度の分布状態が変化する．その程度はナノシートの膜厚や次項以降で説明するキャリアの有効質量に依存する．

2.2 キャリア密度，移動度および電子・正孔の有効質量

　真性半導体の場合，キャリア密度の総和 n は（2.2）式で表すことができる．

$$n = A \, \exp \left(\frac{-E_g}{2kT} \right) \tag{2.2}$$

A は定数，E_g はバンドギャップ，k はボルツマン（Boltzman）定数，T は温度である．この式は，キャリア密度は温度上昇とともに指数関数的に増加することを示している．たとえば，$E_g = 1.1$ eV の真性半導体の場合，温度が 78 K から 278 K まで増加すると，キャリア密度は約 26 桁も増大する．273 K（0℃）から 298 K（室温）の上昇であれば，約 7 倍増加する．いくつかの温度におけるキャリア密度 n がわかれば，キャリア密度の対数（ln）を縦軸に，温度の逆数（$1/T$）を横軸としてグラフを描くと，そのプロットは直線

となるので,その傾き($-E_g/2k$)からバンドギャップを求めることができる(図2.3).キャリア密度は,導電率を測定することで求めることができる.価電子帯から伝導帯への電子の励起は熱エネルギーによるものであるが,一般的に,その熱エネルギーのおおまかな大きさはkTで与えられる.室温(298 K)の熱エネルギーは約25 meVになる.シリコン(ケイ素(Si))の場合,バンドギャップは1.1 eVなので,$E_g/2kT$は22になり,$\exp(-22)$は非常に小さい値になるため,室温での真性半導体シリコンのキャリア密度は非常に小さくなり,導電率は小さい.半導体の導電率σ[S cm^{-2} = Ω^{-1}m^{-1}]は電子の電荷e[C],キャリア密度n[cm^{-3}],移動度μ[cm^2 V^{-1} s^{-1}]の積として(2.3)式で表すことができる.

$$\sigma = ne\mu \quad (導電率=キャリア密度\times電子の電荷\times移動度) \quad (2.3)$$

ここで,移動度μ[cm^2 V^{-1} s^{-1}]は電子の移動のしやすさと考えてよい.移動度は一定の電場の強さのもとで電子1個の移動する速さと定義している場合もある.つまり,導電率とは,単位時間あたりに一定空間を一定電圧のもとで流れる電子の総和(電荷の総和)

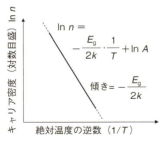

図2.3 対数目盛で示したキャリア密度 ln n と絶対温度の逆数 $1/T$ の関係

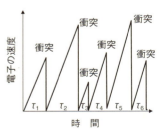

図2.4 電子が電界中で加速と衝突を繰り返す様子

である．このように移動度は半導体の電導性を考えるうえで重要な因子である．

　もう少し詳しく移動度をみていこう．半導体に電圧を印加すると電流が流れる．このとき，半導体格子中の電子は一定の力 (F)＝電子の電荷 (q) ×電界 (E) を受けて加速する．加速した電子は結晶格子と衝突して速度を失う（電子の速度＝0）．この加速と衝突・散乱を繰り返しながら電子は半導体格子内を移動していく．たとえば，ある電子が衝突・散乱する動きを，横軸に移動時間，縦軸を速度としてグラフに表すと図2.4のようになる．τ_1, τ_2, τ_3……は，散乱まで加速した時間である．電子が散乱するまでの平均の時間を τ_c とすると，電子には次の散乱までに $qE\tau_c$ という大きさの力積がはたらく．力積とは，一定の力 $F(=qE)$ とそれがはたらく時間 t $(=\tau_c)$ との積で与えられるベクトル量で，これは電子が受ける運動量の増加に等しい．電子の運動量は電子の換算質量 (m^*) ×速度 (v) と表すことができるので，$m^*v=qE\tau_c$ となり，電子の平均速度は $v=qE\tau_c/m^*$ となる．ここで電子の移動度は電子1個の一定の電場の強さのもとで移動する速さなので，その平均速度と電界比 $(v/E=q\tau_c/m^*)$ が移動度 μ と対応する．移動度と電子が加速して散乱するまでに動ける平均時間 τ_c の関係は（2.4）式のようになる．

$$\mu = \frac{q\tau_c}{m^*} \tag{2.4}$$

この式を見てわかることは，移動度を向上させるには，電子が加速して散乱するまでに動ける平均時間 τ_c を長くすれば大きくなり，逆に τ_c を短くすれば小さくなることである．つまり，移動度を大きくさせるためには，半導体内部で電子が散乱しにくい結晶環境を準備すればよい．移動度を大きくさせる別の手法としては，式が示しているように電子の換算質量 m^* を小さくすることでも達成できる．

電子の質量を変化させる？ と疑問に思うかもしれないが，電子の有効質量は材料によって異なる．実際，移動度の測定結果から m^* を算出してみると，シリコン中の電子の有効質量は自由電子の約 0.3 倍，ガリウムヒ素ではさらに小さく 0.06 倍になる．つまり，電界（電圧）を印加したとき，半導体中の電子の速度は自由電子よりも速くなる場合がある．では，なぜ半導体の中の電子は自由電子より軽いのだろうか？ 一般的に電子の有効質量は (2.5) 式で表すことができ，波数 k とエネルギー E で表される波束としての電子は，等価的に $\hbar^2/(\partial^2 E/\partial k^2)$ の質量をもつ粒子として考えられる．

$$m^* = \frac{\hbar^2}{(\partial^2 E/\partial k^2)} \tag{2.5}$$

半導体結晶中の電子のエネルギー E と波数 k の関係は，図 2.5 のようになる．自由電子のエネルギーは質量を m_0 とすれば，

$$E = \frac{(\hbar k)^2}{2m_0} \tag{2.6}$$

となり，E は k の 2 乗に比例する．結晶中の電子のエネルギーも伝導帯の底や価電子帯の頂点では波数 k の 2 次関数となり，m^* は

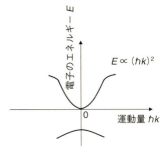

図 2.5　半導体結晶中の電子のエネルギー E と波数 k の関係

定数となる.さて,(2.5)式をもう一度よく見てほしい.(2.5)式の分母 $(\partial^2 E/\partial k^2)$ は図 2.5 の分散曲線 $E(k)$ の曲率を意味している.つまり,(2.5)式から電子の有効質量 m^* は分散曲線 $E(k)$ の曲率の逆数に比例することがわかる.つまり,大きい曲率をもつエネルギー分散状態を伝導帯にもつ物質では,電子の有効質量が軽く

コラム 3

異種ナノシートの積層による強誘電性の発現

2 枚の異種ナノシートを積層することで新しい物性が発現することがある.たとえば,LaNb$_2$O$_7$ ナノシートと Ca$_2$Nb$_3$O$_{10}$ ナノシートは紫外線を照射すると半導体ナノシートとして機能し,光触媒特性などを示すが,暗所ではバンドギャップが 3〜4 eV と大きいため誘電体として機能する.さて,この両者は常誘電体であり,分極の大きさ P は外部から加える電界 E の大きさに比例して直線的に増加し,電場のない状態では分極しない.しかしながら,この両者のナノシートを交互に積層したナノ薄膜は,分極の大きさ P は外部から加える電界 E の大きさに応じて非線形に応答し,電場のない状態でも分極する強誘電体特性を発現する(図)[1].

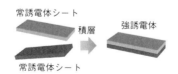

図　常誘電体ナノシートの張り合わせによる強誘電性の発現

[1] Li, B.-W., Osada, M., Ozawa, T. C., Ebina, Y., Akatsuka, K., Ma, R., Funakubo, H., Sasaki, T., *ACS Nano*, **4**, 6673 (2010).

24 第2章 半導体の基礎

なっていると考えられる.

2.3 p型およびn型半導体

これまでは真性半導体を例に見てきたが,多くの場合,電子が
キャリアであるn型半導体および,正孔がキャリアであるp型半
導体特性を示す半導体ナノシートを取り扱う.そこで,本節ではn
型半導体,p型半導体についての理解を深める.まず,そのために
は,動ける電荷と動けない電荷をイメージすることが重要である.
たとえば,シリコンにリン(P)をドープしたn型半導体を考えよ
う.ドープされたPはシリコンの結晶サイトの一部を置換してい
る.またPは5個の電子を最外殻にもっており,4個が隣のSiと
結合を形成し,1個の電子が残る.この残った電子はわずかな熱エ
ネルギーで伝導帯に励起できるため,室温ではほぼ自由に伝導帯を
動くことができる.Pサイトはもともと5個の電子があって,電気
的中性を保っているが,電子がわずかな熱エネルギーにより伝導帯
に励起されると,1個の電子を失うので自身はプラスになる.この
とき,PサイトはSiの格子サイトに位置しているので動くことが
できない.そのため,動けないプラス電荷とみなすことができ,電
子は動けるマイナス電荷とみなすことができる(図2.6(a)).一方,
ホウ素(B)がドープされたシリコンの場合,Bは最外殻に電子が
3個しかないため,隣の4個のSiと結合を形成しようとしても1
個とは結合できない.しかしながら,わずかなエネルギーでSiの
価電子帯の電子をBサイトに受け入れることができ,残りの結合
を形成することができる.もともとBサイトは3個の電子で電気
的中性を保っていたが,余分な電子を受け入れて結合を形成するこ
とで,マイナスの電荷を帯びることになる.室温ではBサイトに

2.3 p型およびn型半導体

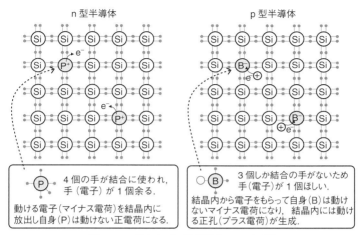

図 2.6 　n 型および p 型半導体のモデル図

多くの電子が励起されているため，伝導帯には多くの空席（正孔）が存在し，真性半導体に比べて高い伝導率を示す．このとき，BサイトはSiの格子に固定されているため，電子を受け取って動けないマイナス電荷となり，価電子帯の正孔は自由に動けるプラス電荷とみなすことができる（図 2.6(b)）．これらの動けないマイナス電荷，プラス電荷，動けるマイナス電荷，プラス電荷をイメージすると，種々の半導体を用いたデバイス動作原理が理解しやすい．

次にドナー準位やアクセプター準位のエネルギー位置について考えよう．シリコンにドープされたP原子サイトは，先に説明したように結晶内に電子を放出し，その位置にはプラス電荷が1個あるかのように見える．しかしながら，放出された1個の電子は，P^+の位置にある余分のプラス電荷にクーロン（Coulomb）力で弱く束縛されて，水素原子のボーア（Bohr）モデルのような軌道を回っ

ている。その束縛エネルギー E_D は,

$$E_D = \frac{m_e^* q^4}{8\varepsilon_r^2 \varepsilon_0^2 h^2} = \left(\frac{m_e^*}{m}\right) \times \left(\frac{1}{\varepsilon_r^2}\right) E_H \tag{2.7}$$

で近似される。しかし, 正確にはシリコンのバンド構造は複雑なため完全にはボーアモデルに当てはまらない。ここで E_H は, 水素原子の束縛エネルギー (13.6 eV) である。シリコンの伝導帯の電子の有効質量と静止系の電子の質量比 $m_e^*/m = 0.4$, 比誘電率 $\varepsilon_r = 12$ を使うと, シリコン中のドナーの束縛エネルギーは $E_D = 0.037$ eV となる。ちなみに軌道半径は水素の 12 倍で約 1.6 nm 程度である。真性半導体では価電子帯の電子, すなわち Si−Si 結合に使われている電子を伝導帯に励起させるには, 1.1 eV 必要であるが, P$^+$ に束縛されてその周囲を円運動している電子は非常に小さいエネルギー 0.037 eV で伝導帯に励起できる。つまり束縛エネルギーは, 図 2.7 に示すバンド図においては, 伝導帯の底から E_D だけ低いエネルギー位置にドナー準位が位置する。室温での熱エネルギー $k_B T$ は 0.025 eV 程度で, この束縛エネルギーと同程度であるので, ドナー準位の電子は容易に伝導帯に励起され, 結晶内を自由に動き回ることができる。一方, シリコンにドープされた B 原子サイトは,

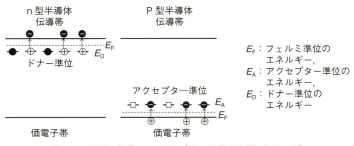

図 2.7 ドナー準位, アクセプター準位の位置 ($T = 0$ K)

結晶内の電子を受け入れ，その位置にはマイナス電荷が1個あるかのように見える．しかしながら，電子を受け入れることで生じた結晶内の1個の正孔は，B⁻の位置にある余分のマイナス電荷にクーロン力で弱く束縛されて，水素原子のボーアモデルのような電子軌道を形成する．これをバンド図で表すと，価電子帯の頂より束縛エネルギー E_A だけ高いエネルギー位置にアクセプター準位が形成される（図2.7）．温度が上がると，価電子帯の電子が熱的にアクセプター準位に励起されて，価電子帯に正孔が生成する．

2.4 フェルミ準位

半導体を用いたデバイスを理解するうえでもう一つ重要なキーワードとして，フェルミ準位がある．真性半導体の場合，価電子帯と伝導帯の中間がフェルミ準位と説明したが，図2.7に示すようにn型半導体の場合は，絶対零度のときにドナー準位と伝導帯のほぼ中間，p型半導体の場合は，アクセプター準位と価電子帯のほぼ中間にある．ただし，温度が上がるにつれてしだいに禁制帯の中央へ移動していく．また，金属の場合は種類によって異なり，その仕事関数のエネルギー準位に相当し，一般的にアルカリ金属は小さく金や白金は大きい．フェルミ準位は電子が溜まっている水面とたとえられる．図2.8のように水面の異なる水槽を接合した場合，その水

図2.8 水面の高さが異なる容器をつなげたときの水面の変化

28　第2章　半導体の基礎

面の高さは同じになるように水面の高い水槽から低い水槽に水が移動し，最終的にはその水面の高さは同じになる．同様に，異なるフェルミ準位をもつ材料が接合すると，フェルミ準位を同じにすべく動けるキャリアが動くことになる．しかしながら半導体の場合，自由電子が動くと格子内に静電的にその動きを止めようとする動けないプラス電荷が形成され，キャリアの完全な拡散は起こらない．

2.5　半導体と金属の接合

　n型半導体とそのフェルミ準位よりも深い位置にフェルミ準位（仕事関数）をもつ金属との接合を考えよう．接続する前は，n型半導体のフェルミ準位のほうが金属のフェルミ準位よりも高いため，両者が接合するとn型半導体側から電子が金属側へ移動する（図 2.9(a)）．ある量が移動するとフェルミ準位は同じになり，その移動は止まる．さて，この電子の移動を動ける電荷，動けない電荷という観点で見ると，n型半導体には先に説明したように，動けないプラスの電荷と動けるマイナスの電荷が存在する．このn型半導体がn型半導体のフェルミ準位よりも深い位置にフェルミ準位をもつ金属と接合すると，金属側に電子が移動するため，その結果，半導体側に動けないプラスの電荷が生成する（図 2.9(b)）．この動けない電荷の形成が半導体に特有の性質を生み出す．半導体表面からその内部に向けて動けない電荷が存在することは，その領域で電荷密度$+Q$ が存在することを意味する．電荷密度は電界（E）に変換でき，電界は電位（V）に変換できるので（図 2.9(c)），この動けない電荷が半導体の表面近傍に形成されると，上向きの電位勾配が形成される．この接合体に半導体側をプラス，金属側をマイナスとして外部電圧を印加すると，半導体表面近傍の電子がさらに

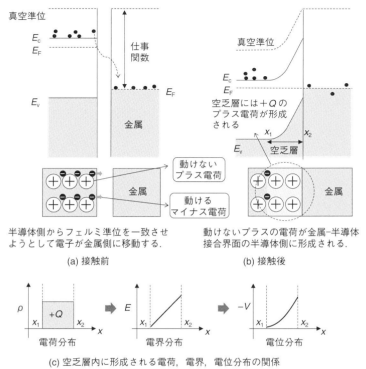

図 2.9 金属-n 型半導体接触のエネルギーバンド図（ショットキー接合の場合）

表面近傍から引っ張られ，動けない電荷が形成される領域が増大する．その結果さらに表面近傍の電位勾配は急峻になると同時に金属側から半導体側に電子が移動し，界面に形成された電位勾配（壁）を登ることができず，電気は流れない．一方，金属側をプラス，半導体側をマイナスにすると，電子が半導体内部から表面に共有されるため，動けない電荷が形成される領域が狭くなり，電位勾配は平

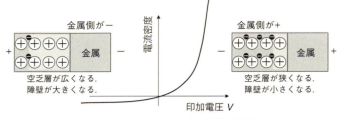

図 2.10 ショットキー接合の電流-電圧特性

衡時よりも緩やかになる．その結果，電子はその勾配を超えて半導体側へ移動することができ，電流が流れる．

　低い電圧ではその勾配を超えるエネルギーが必要となり電流は流れにくいが，十分に超えられるような電圧が印加されると大きな電流が流れるようになる．このような電流-電圧特性は，オーム (Ohm) の法則 ($V=IR$) で示される電流-電圧特性ではなく，図 2.10 のような曲線になる．このような接合をショットキー (Schottky) 接合とよぶ．動けない電荷が存在する領域には動けるキャリアが存在せず，空乏層とよばれる．動けない電荷が存在すると，電子の動きを妨げる方向に電界が発生し，ショットキー接合型の電流-電圧特性が得られる．

　一方，n 型半導体とそのフェルミ準位よりも浅い位置にフェルミ準位（仕事関数）をもつ金属との接合では，金属側から半導体側に電子が流れフェルミ準位が一致する．このとき，半導体側の表面近傍に $-Q$ の電荷が溜まっているようになり，半導体表面近傍ではバンドが下側に曲がる（図 2.11(b)）．しかし，ショットキー接合のように動けない電荷の層（空乏層）は形成されず，すべての領域に動ける電荷が存在するので，半導体-金属界面を行き来する電子の流れは接合界面で影響を受けず，$V=IR$ に従う，オーミック接

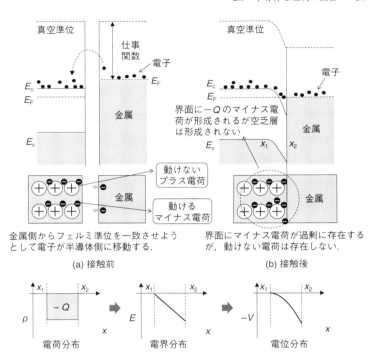

(c) 半導体–金属界面に形成される電荷，電界，電位分布の関係

図 2.11 金属–n 型半導体接触のエネルギーバンド図（オーミック接合の場合）

合（図 2.12）となる．

　p 型半導体の場合，そのフェルミ準位よりも浅いフェルミ準位の金属と接合すると，フェルミ準位を一致させようと p 型半導体側から正孔（プラス電荷）が金属側に生じるため，接合界面近傍に動けないマイナス電荷の層（空乏層）が形成され，図 2.9 と同様のショットキー型の電流–電圧特性を示す．一方，p 型半導体のフェルミ準位よりも深いフェルミ準位をもつ金属と接合すると，金属側

図 2.12 オーミック接合の電流-電圧特性

から正電荷が半導体側に移動したような状態になり，界面には過剰の正電荷が存在し，動けない電荷の層（空乏層）は形成されず，すべての領域で動ける電荷が存在するのでオーミック接合に従った電流-電圧特性を示す．

2.6 pn 接 合

　pn 接合は太陽電池や発光素子といったデバイスの中核となる構造である．ここでは pn 接合とはどのような接合か見ていこう．この場合も，動ける電荷と動けない電荷をイメージするとその接合を理解しやすい．図 2.13(a) は接合前の p 型および n 型半導体のモデル図である．⊕や⊖の電荷は動けない電荷であり，●+や●-は動ける電荷である．n 型半導体では⊕と●-が，そして p 型半導体では⊖と●+が存在する．n 型半導体のフェルミ準位は p 型半導体よりも上にあり浅いため，両者を接合するとフェルミ準位を一致させるには，n 型から p 型半導体側へ電子が，p 型から n 型半導体側へ正孔が移動する．その結果，接合界面近傍では動ける電荷どうしが打ち消し合い空乏層，すなわち動けない電荷が存在する領域が広がる．電子や正孔がある程度移動すると，動けない電荷によりその移動を妨げる向きに電界が形成され，キャリアの移動は止まる．このとき，接合界面を挟んで n 型半導体側に⊕によって形成された $+Q$

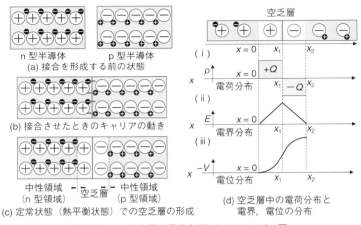

図 2.13　pn 接合間に電位勾配ができるモデル図

の電荷密度が，そして p 型半導体側には⊖によって形成された$-Q$ の電荷が存在する．ある領域からある領域までの電荷密度を積分すると電界になるため，図 2.13(d)(i) のような電荷密度の分布からは図 2.13(d)(ii) のような電界分布が形成される．n 型半導体の動けない電荷が形成されていた箇所から接合界面まで直線で示される電界がかかり，接合界面からはその電界が直線的に動けないマイナスの電荷が形成されていた箇所まで減少し，その電界はゼロとなる．さらにこの電界分布を積分すると電圧になるため，$y=ax$ で示される直線型の電界分布を積分すると図 2.13(d)(iii) のように $y=bx^2$ で示されるような放物線形の電位分布になり，界面を過ぎると同様にして $y=-bx^2$ の逆放物線形の電位分布が形成される．その結果，図 2.14 に示すようななだらかな電位勾配が接合界面近傍に形成される．このように，pn 接合を形成することで，素子内に自発的な電位勾配が形成されるため，バンドギャップ以上の光照射

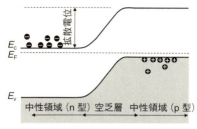

図 2.14 pn 接合のエネルギー帯図

により,光励起によって生成した電子と正孔はその電位勾配によって電子は n 型半導体側へ,正孔は p 型半導体側へ移動する.この結果,光-電気エネルギー変換素子としてはたらくので,太陽電池として動作する.

2.7 直接遷移と間接遷移

半導体にバンドギャップ以上の光を照射すると価電子帯から伝導帯に電子の遷移が起こるが,この光による電子遷移にもエネルギー保存の法則と運動量保存の法則が成り立つ.この場合,波としての電子の運動量の保存則を考える必要がある.波長 λ の波の運動量 p は $p = h/\lambda$ で与えられ(h はプランク(Planck)定数),波数(k)で表した場合は $p = \hbar k$ で与えられる($\hbar$ はディラック(Dirac)定数).波数 k は波長を λ とすると $2\pi/\lambda$ となる.さて,光を吸収する前の価電子帯の頂点の電子の波数を k_v,光の波数を k_p,光吸収をして伝導帯下端に移った後の電子の波数を k_c とすると,運動量保存則より,

$$\hbar k_v + \hbar k_p = \hbar k_c \tag{2.8}$$

が成り立つ．一般に結晶格子内の電子の波長は1Å程度であるのに対して，光の波長は1000Å以上であるため，上式の中で，光の波数k_pは，k_vやk_cと比べると小さく無視できる．つまり，$\hbar k_v \fallingdotseq \hbar k_c$が成り立つときに光吸収は起こり，光吸収による遷移の前後で電子の波数は変化しない．このような光吸収前後で電子の波数が変化しない光吸収のことを直接遷移といい，このような遷移が起こるときの半導体のバンド構造は図2.15(a)に示すような形であり，価電子帯の頂点と伝導帯の底点の波数位置が一致する．また，直接遷移型の半導体では，励起された伝導帯下端の電子は価電子帯上端の正孔と直接的な再結合をしやすく，その際，バンドギャップ相当のエネルギーの光が放出されやすい．半導体ナノシートでは，単層のMoS_2ナノシートが直接遷移型の半導体である．

一方，間接遷移とは，図2.15(b)に示すような価電子帯頂点と伝導帯底点が違う波数位置にあるときの遷移をいう．このとき，価電子帯頂点と伝導帯底点が違う波数位置にあるため，直接遷移のときのように光吸収のみでは運動量保存の法則は成立しない．そこで，励起された電子はフォノンの助けを借りて伝導帯の下端に遷移する．フォノンは格子の熱振動に起因し，室温程度のエネルギーで

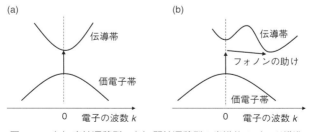

図2.15　(a) 直接遷移型，(b) 間接遷移型の半導体のバンド構造

も存在する．間接遷移による光吸収の確率は価電子帯の電子の存在確率とフォノンとの遭遇確率の掛け算になるので，直接遷移に比べると低くなり，光を吸収しにくい．また，フォノンのエネルギーを借りて伝導帯に励起した電子は伝導帯下端から価電子帯の正孔と再

コラム 4

ナノシートの移動度

半導体がナノシート化されると，キャリア密度，移動度はわずかであるが変化する [1,2]．たとえば，MoS_2 の場合，単層ナノシート（厚さ：0.85 nm）だと，移動度：40〜50 $cm^2 V^{-1} s^{-1}$，キャリア密度：(1.6〜1.9)×10^{13} cm^{-2}，2層ナノシート（厚さ：1.52 nm）だと，移動度：80〜150 $cm^2 V^{-1} s^{-1}$，キャリア密度：(0.7〜1.3)×10^{13} cm^{-2} などの報告があるが，測定条件にも影響を受けるため，上記のデータは慎重に解釈する必要がある．

図　層状体とナノシートの電子の移動度の違いは？

[1] Baugher, B. W. H., Churchill, H. O. H., Yang, Y., Jarillo-Herrero, P., *Nano Lett.*, **13**, 4212 (2013).
[2] Choi, W., Cho, M. Y., Konar, A., Lee, J. H., Cha, G. B., Hong, S. C., Kim, S., Kim, J., Jena, D., Joo, J., Kim, S., *Adv. Mater.*, **24**, 5832 (2012).

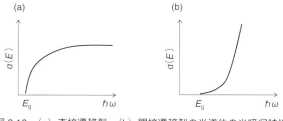

図 2.16 (a) 直接遷移型, (b) 間接遷移型の半導体の光吸収特性

結合するが, この過程で直接再結合する確率は低く, 不純物や格子欠陥による準位を経由した, 間接的な再結合により再結合する. そのため, バンドギャップ相当のエネルギーの光が出る確率は非常に低くなる. 半導体ナノシートのうち, TiO_2 ナノシートは間接遷移型の半導体である.

具体的な直接遷移と間接遷移による吸収係数 $α(E)$ の違いは次式で表すことができる. 直接遷移の場合は

$$α(E) = \frac{A(\hbar ω - E_g)^{1/2}}{\hbar ω} \tag{2.9}$$

で表され, 図 2.16(a) のように E_g での立ち上がりが急になる. 一方, 間接遷移の光吸収係数 $α(E)$ は,

$$α(E) = \frac{B(\hbar ω - E_g)^2}{\hbar ω} \tag{2.10}$$

で表され, 図 2.16(b) のように E_g からゆっくりと立ち上がる.

2.8 バンド構造

半導体結晶のような規則的な周期ポテンシャルがある場合の固体内部の電子の波は, 自由電子の平面波とはかなり様子が異なる. 結

晶内部の各原子の位置には原子核に由来するプラスの電荷があり，マイナス電荷をもつ電子を強く引きつける．電荷数 Z の原子付近のポテンシャルエネルギー（E）は，原子核の中心からの距離を r とすると

$$E = \frac{-Ze^2}{r} \tag{2.11}$$

で表されるが，原子が格子定数 a の周期をもって規則的に並んでいるため，図 2.17 のように，ポテンシャルエネルギーも周期的に変化する．このような周期ポテンシャルのもとでは，電子の波は単なる平面波ではなく，振幅が結晶格子の周期をもつ周期関数で変動する平面波（ブロッホ（Bloch）の波）となる．周期ポテンシャル中では電子の波の干渉による定在波の腹の位置は 2 種類ある．結

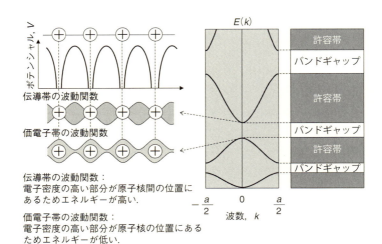

図 2.17 周期ポテンシャルと伝導帯下端，価電子帯上端のエネルギー状態，およびそのバンド構造

晶中では，周期ポテンシャルで反射した電子の波が干渉し合うので複雑な電子の波になるが，電子の波の波長が格子定数の整数倍に等しくなったとき，定在波が生じる．図2.17に示すように，定在波の腹（電子密度の高い部分）が原子上にある場合と，原子と原子の間にある場合とがある．原子核のプラス電荷がなければ，この2つの定在波は同じエネルギーをもつが，プラス電荷があるために，定在波の腹が原子上にあるほうが，原子間にある場合よりエネルギーが低くなってバンドギャップが開く．横軸を波数にとったバンド図は自由電子の場合と異なり，波数の多価関数になる．また，波数軸にそって逆格子の単位格子 $a=2\pi/a$ だけずらしても分散関係は同じになるので，最小の単位である $[-a/2, a/2]$ の区間（第1ブリルアン（Brillouin）域）のみを示す．$k=a/2$ は，$2\pi/\lambda=\pi/a$ と書き換えられるので，実空間で表すと $a=\lambda/2$ に対応し，半波長が格子間隔に一致する．

2.9 励 起 子

一般的には光を吸収して伝導帯に上がった電子や，価電子帯に生じた正孔は自由に動きまわれるが，電子と正孔はそれぞれ $-e$ と $+e$ の電荷をもち，クーロン力を及ぼし合うため，束縛状態をつくることが考えられる．このような電子・正孔対を励起子（エキシトン；exciton）とよんでいる．励起子はボーズ（Bose）統計に従う中性粒子として振る舞い，電気伝導には寄与しないが光学的性質（光の吸収や発光）には大きく関与する．励起子には次の2つの種類がある．普通の半導体においては電子と正孔は弱く束縛され，その波動関数の広がりは格子間隔よりもずっと大きい．このような励起子を"弱く束縛された励起子"またはモット・ワニエ（Mott-

Wannier) 励起子という.他方,イオン結晶や分子性結晶では,電子と正孔が原子またはそのごく近傍に局在するので,"強く束縛された励起子"またはフレンケル(Frenkel)励起子という.この2種類の励起子を模式的に図2.18に示す.図2.18(a)では電子・正孔対が自由に結晶中を運動する描像が成り立つが,図2.18(b)では励起された原子状態が次の格子点へとつぎつぎに移動していく描像が成り立つ.半導体の場合には,モット・ワニエ励起子が中心となる.励起子は1個のプラス粒子と1個のマイナス電子のペアと考えることができるので,水素原子の問題とまったく類似の取扱いができて,電子と正孔の系の全エネルギーは重心運動のエネルギー E_k と相対運動のエネルギー E_n の和

$$E = E_k + E_n, \quad \text{ここで,} \quad E_k = \frac{\hbar^2 K^2}{2M}, \quad M = m_e{}^* + m_h{}^* \qquad (2.12)$$

で与えられる.他方,相対運動のエネルギーは $m^* \to \mu$(換算質量)の置き換えを行ったシュレーディンガー(Schrödinger)方程式を解いて

$$E_n = -13.6(eV)\frac{\mu}{m}\left(\frac{1}{\varepsilon}\right)^2\frac{1}{n^2} \quad (n = 1, 2, \cdots) \quad \mu^{-1} = m_e{}^{*-1} + m_h{}^{*-1}$$
$$(2.13)$$

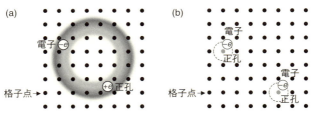

図2.18 (a) モット・ワニエ励起子と (b) フレンケル励起子のモデル

と求められる.なお,励起子の有効ボーア半径 a_B^* は次のようになる.

$$a_B^* = a_B \left(\frac{m}{\mu}\right)\varepsilon = 0.53[\text{Å}]\left(\frac{m}{\mu}\right)\varepsilon \tag{2.14}$$

なお,エネルギーの原点は伝導帯の底にとった.

たとえば,GaAs($m_e^*=0.067m$, $m_h^*=0.45m$, $\varepsilon=13.1\varepsilon_0$) について,励起子の基底状態 ($n=1$) のエネルギーと有効ボーア半径を求めると,その換算質量 $\mu:0.058m$ より,$E_{n=1}=4.6$ meV,$a_B^*=120$ Å が得られる.励起子準位は図 2.19 のように伝導帯のすぐ下に生ずる.したがって,価電子帯の頂上から励起子準位 $n=1, 2,$ … への光学遷移が可能となる.

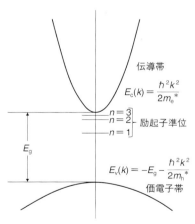

図 2.19 励起子のエネルギー準位

2.10 量子サイズ効果

量子サイズ効果は電子がきわめて狭い領域に閉じ込められた際に生じる現象である．感覚的には，10^{23}個程度の原子が互いに相互作用して形成した価電子帯と伝導帯のバンド幅が，原子が数個になった場合にエネルギー的に離散化して縮まることで起こる（図2.20（a））が，ここでは式を用いてもう少し理論的に扱ってみよう．Brusらはナノサイズ球状粒子をモデルに，有効質量近似という手法に基づいた次の理論式を発表した．

$$E_g{}^* = E_g + \frac{1}{8\mu^*}\left(\frac{h}{R}\right)^2 - 1.8\frac{e^2}{\varepsilon R} \tag{2.15}$$

ただし，$E_g{}^*$，E_gはそれぞれナノ粒子とバルク体のバンドギャップ，μ^*は電子と正孔の有効質量の換算質量（$\mu^{*-1} = m_e{}^{*-1} + m_h{}^{*-1}$），$h$はプランク定数，$R$は粒径，$e$は電荷素量，$\varepsilon$は粒子の誘電率である．ここで，右辺の第2項は電子と正孔の運動エネルギー，第3項は正負の電荷間にはたらくクーロン相互作用に由来する項であ

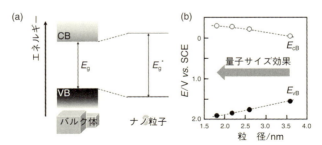

図2.20 （a）量子サイズ効果のモデル図と（b）PbSにおける量子サイズ効果
CB：価電子帯，VB：伝導帯．

る.すなわち,電子の閉込めに伴う運動エネルギーとクーロン相互作用の変化の差分だけバンドギャップが広がることを意味してい

コラム 5

カーボンナイトライドナノシート

メラミン樹脂の主原料とされる構造の中心にトリアジン環をもつメラミンを空気中で 500〜550℃ で焼成すると図に示すような炭素と窒素で構成されるナノシートを層にもつグラフィティック・カーボンナイトライド($g-C_3N_4$)を合成することができる.このような層状体はシアナミド,尿素のような窒素含有化合物を出発材料に用いても同様に合成できる.この層状体は 2.5〜2.7 eV 程度のバンドギャップをもつ半導体である.また,水の酸化還元に対し,適切な伝導帯,価電子帯位置を有し,かつ高い化学的および熱的安定性を示すことから,低コストの光触媒材料として期待されている.さらに,熱処理,超音波,インターカレーション反応などを利用して単層に剝離されたカーボンナイトライドナノシートも報告されており [1],今後は光触媒以外の分野へも応用が期待される半導体ナノシートである.

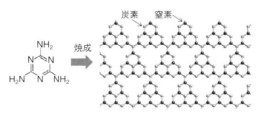

図　メラミンから $g-C_3N_4$ の合成

[1] Niu, P., Zhang, L., Liu, G., Cheng, H. M., *Adv. Funct. Mater.*, **22**, 4763 (2012).

44 第2章 半導体の基礎

る．実際に同式では第2項に R^{-2}，第3項に R^{-1} をもっているため，R の減少に伴って第2項＞第3項の関係がより顕著になる．ちなみにコラム1にて紹介している式はこのブラス（Brus）の式を二次元のナノシートに適用した場合に得られる式である．ここでは第3項を無視しているが，これは誘電率 ε が大きい，つまりボーア半径（$\propto \varepsilon$）が大きい場合を考えているためである．第2項の μ^* を $m_e{}^*$ と $m_h{}^*$ を用いて書き直すと

$$\frac{1}{8\mu^*}\left(\frac{h}{R}\right)^2 = \frac{1}{8m_e{}^*}\left(\frac{h}{R}\right)^2 + \frac{1}{8m_h{}^*}\left(\frac{h}{R}\right)^2 \tag{2.16}$$

となる．詳細は省略するが，伝導帯と価電子帯のバンド端準位が $m_e{}^*$ と $m_h{}^*$ の関数であることを加味すれば，各バンド端の広がり具合もまた $m_e{}^*$ と $m_h{}^*$ に依存することがわかる（図2.20(a)）．たとえば，硫化鉛（PbS）では $m_e{}^* \approx m_h{}^*$ が成り立つため，価電子帯の上端と伝導帯の下端が同程度に広がる（図2.20(b)）．一方 TiO_2 ではそのバンド構造が複雑なため，硫化カドミウム（CdS）や PbS のような理論的な解析は難しい．

　ここまで量子サイズ効果を理論式に沿って見てきたが，実際のデータにはどのように反映されるのだろうか．まずは，光吸収スペクトルが短波長，すなわち高エネルギー側にシフトする．これは，ナノ粒子化に伴うバンドギャップの増大を踏まえると明らかである．また，半導体の光触媒作用にも影響する．ナノ粒子においては励起子が微小な領域に束縛されるため，電子と正孔が再結合し，活性が落ちる可能性がある．ところが，エネルギー的には量子サイズ効果により，伝導帯はより負側に，価電子帯はより正側にシフトするため，たとえば正孔の酸化力は増大する．さらに，粒径または膜厚が小さくなると電子や正孔が反応場である界面まで容易に拡散できるため，先ほどとは逆に光触媒能の増大に寄与する可能性もあ

る．事実，微粒子化によって高い光触媒作用を実現した例が報告されている．

第3章

半導体ナノシートの光電気化学特性

　電気化学の分野で半導体電極を用いると，金属電極にはない現象を確認することができる．典型的な例として，整流作用と光起電力効果が挙げられる．このような半導体特有の効果を用いることで，太陽エネルギーの変換を実現することができる．一つは太陽電池のような光電変換で，もう一つは半導体電極による水の酸素・水素への分解といった光エネルギーの化学エネルギーへの変換（光化学変換）である．では，半導体電極の半導体部をナノシート化するとそれらの現象はどのように変化するだろうか．第2章で紹介したように，半導体と異種材料が接触すると両者のフェルミ準位を一致させようとキャリアが動き，ある状態ではバンドの曲がりが起こるが，ナノシートの場合は，バンドが曲がるための空間的スペースがない．その場合，半導体ナノシートは通常の半導体電極としての機能を果たすだろうか．本章では，半導体電極の基礎を説明しながら，半導体ナノシート電極の光電気化学特性について紹介する．

3.1　金属電極と半導体電極の違い

　金属電極と半導体電極の違いを見ながら，基本的な半導体電極の特徴についての理解を深めよう．まず，酸化還元電位（U_{redox}）の化学種が存在する電解質水溶液に金属電極を入れ，電流-電位特性

を測定すると U_{redox} よりも正電位では酸化電流が観察され，U_{redox} よりも負電位では還元電流が観察される（図3.1(a)）．つまり，金属電極の電流–電位特性は化学種の酸化還元電位 U_{redox} によって特徴づけられる．また，金属電極に光を照射してもその電流–電位特性は変化しない．図3.1(b)，(c) にはn型半導体電極とp型半導体電極を用いて同様な測定を行ったときの典型的な電流–電位特性を示す．金属電極とは大きく異なる特性を示すことに気づくであろう．n型半導体電極の場合，電極電位がフラットバンド電位 $U_{\text{fb(n)}}$（半導体のバンドがフラットになる電位，後で説明する）より 0.4～0.5 V 程度以上正電位にあるときは，電流はほとんど流れない．電位がこれより負側に動く（$U_{\text{fb(n)}}$ に近づく）と還元電流が観察され

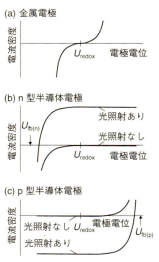

図 3.1　金属電極，半導体電極の電流–電位特性

る．つまり整流性が観察される．また，図 3.1(b) に示すように半
導体のバンドギャップよりも大きなエネルギーをもつ光を照射しな
がら測定すると光酸化電流が観察される．光酸化電流はフラットバ
ンド電位よりも正電位で見ることができる．一方，p 型半導体電極
の場合，電極電位がフラットバンド電位 $U_{fb(p)}$ より 0.4〜0.5 V 程度
以上卑電位（負電位）にあるときは，電流はほとんど流れないが，
これより貴側に動くと酸化電流が観察される（図 3.1(c)）．バンド
ギャップ以上の光を照射すると光還元電流がフラットバンド電位よ
りも卑電位（負電位）で観察される．このように半導体電極の電
流–電位特性はフラットバンド電位に依存する．

　次に，このような電流–電位特性が半導体電極で観察される機構
について説明する．簡単に説明するならば，電極電位（U）に応じ
て半導体表面近傍のバンド構造が変化するためである．これを理解
するためには，電気化学において電極電位のシフトはフェルミ準位
のシフトをもたらすという事実を理解する必要がある．言い換える
ならば，電極電位のシフトはフェルミ準位をシフトさせることと同
様（電極電位≒フェルミ準位）である．これを踏まえて，金属電極
と半導体電極の電極電位 U の印加によるバンドの変化の違いを見
ていこう．

　金属電極では，電極電位 U の印加はフェルミ準位のシフトをも
たらし，ヘルムホルツ（Helmholtz）層の電位の変化をひき起こす
（電極表面には電気二重層とよばれるバルク相とは異なるイオン分
布が存在し，化学吸着による特異吸着相と水和した電解質イオンが
クーロン力などの弱い相互作用層と拡散二重層からなり，この内部
の 2 つの層をヘルムホルツ層とよぶ）．金属電極とレドックス種を
含む電解質溶液が電子移動平衡にあるときの電極電位を U_0 とする
と，$U_0 = U_{redox}$（U_{redox}：溶液中のレドックス種の酸化還元電位）で

あるので，このとき金属電極のフェルミ準位は酸化還元電位に一致している（図3.2(a)）．そのため，電極電位を正方向にシフトすると，フェルミ準位が下方に移動し，レドックス種の還元体Rから金属電極に電子が移動して酸化反応が起こる（図3.2(a)）．つまり，金属電極の電流-電位特性は，酸化還元電位によって特徴づけられる．

一方，半導体電極では，電極電位 U の印加によって，多くの場合，ヘルムホルツ層の電位は変化しない．一般的に，半導体電極においてドナーやアクセプターの濃度があまり高くない場合（金属的な導電性をもたない場合），もしくは，キャリア密度が高い場合でも半導体表面と溶液の間にイオン吸着平衡などがある場合は，ヘルムホルツ層の電位は固定されている．これは，表面バンド端の固定

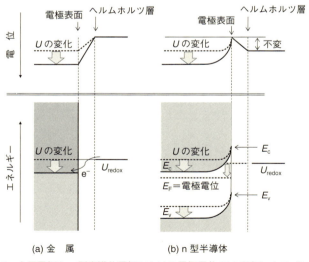

図3.2 金属電極とn型半導体電極における電極電位 U の印加によるバンドの変化（平衡状態から正方向に電位 U をかけた場合）

（surface band edge pinning）とよばれる．このために半導体表面のバンドエネルギー（価電子帯上端や伝導帯下端の位置）は電極電位 U の印加によって変化せず，代わりに半導体の表面近傍のバンドの曲がりが変化する（図 3.2(b)）．価電子帯上端や伝導帯下端の位置が電極電位の印加によって変化しないことは，半導体表面で反応する電子や正孔のエネルギーが電極電位の印加によって変化しないことを意味している．つまり，半導体電極の電流–電位特性は，金属電極とは異なり，酸化還元電位と直接的な関係をもたない．半導体電極において電極電位の変化は半導体表面の電子や正孔の濃度を変えるはたらきをするため，図 3.2(b) のように電極電位を正方向にシフトすると半導体表面近傍のバンドの曲がり方が変化する．半導体電極から電子や正孔が電解質水溶液中に移動するかどうか（電流–電位特性）は，バンドの曲がりがフラットになるフラットバンド電位よって特徴づけられる．フラットバンド電位（U_{fb}）とは，半導体表面近傍のバンドの曲がりがフラットになるときの電極電位をさす．図 3.3 にフラットバンド状態にある n 型半導体電極のエネルギーバンド図とバンドギャップ励起に伴うキャリアの動きを模式的に示す．半導体には伝導帯の電子と価電子帯の正孔という 2 種類の電荷キャリアが存在し，これらがともに反応に関与する．金属電極の場合は電子のみであり，この点が半導体電極の特徴でもある．これまでの説明のように，半導体にバンドギャップ以上のエネルギーの光が照射されると，価電子帯から伝導帯に電子が励起し，価電子帯には正孔が生成する．また，吸収する光がバンドギャップよりも十分大きい場合は，その励起直後の電子や正孔は，高いエネルギーをもち，ホットエレクトロン，ホットホールとよばれる．このようなホットキャリアは瞬時にエネルギー的に緩和して（緩和時間：10^{-15} s），電子は伝導帯の下端に，正孔は価電子帯の上端に移

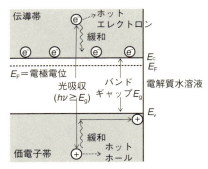

図 3.3 フラットバンド状態にある n 型半導体電極のエネルギーバンドと電子・正孔の緩和過程モデル

動する.さて,通常は半導体表面で反応に関与するのは熱的に緩和した電子や正孔であるため,半導体電極を用いた光電気化学反応において,伝導帯の下端や価電子帯の上端のエネルギー準位から溶液中に電子や正孔が出るため,反応させたい化学種の酸化還元電位と半導体のエネルギー準位の位置関係が重要になる.たとえば,酸化還元電位が伝導帯の下端よりも負側にある化学種は還元できない.同じく,酸化還元電位が価電子帯の上端よりも正側にある化学種は酸化できない.次に n 型半導体である TiO_2 を例に挙げて,実際の光電気化学測定の様子を理解しよう.

3.2 TiO_2 電極の光電気化学特性

TiO_2 のような n 型半導体電極の場合,電極電位がフラットバンド電位 U_{fb} より正にあれば,半導体電極の表面近傍に上向きのバンドの曲がりが形成される(図 3.4).n 型半導体では正孔はほとんど存在せず,また,バンドが上向きに曲がっているために電極表面に

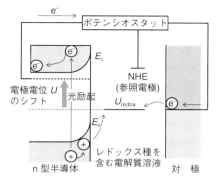

図3.4 n型半導体電極のエネルギーバンド図と光照射下におけるキャリア移動過程

おける伝導帯の電子の濃度が小さいので，暗時にこの電位領域では電流はほとんど流れない．この状態から電極電位が正側からフラットバンド電位に近づくと，バンドの曲がりが緩やかになり，その結果，電極表面の伝導帯の電子の濃度が増加するため，電子がレドックス種の酸化体Oxに流れ出す．このとき，対極ではレドックス種の還元体Rの酸化が起こる．こうして外部回路（ポテンシオスタット）には還元電流が流れる．これが半導体電極に観測される整流性である．半導体電極に光を照射すると，電子-正孔対が生成し，これによる電流が加わる．特に，電極電位がフラットバンドより正にあるときは，バンドの曲がりによって正孔は半導体表面に集まり，電子は内部に移動する．このとき，生成した正孔がレドックス種を酸化するエネルギーをもっていれば，バンドの曲がりを利用して半導体表面から電解質水溶液に出ることができ，正孔は半導体電極の表面でレドックス種の還元体Rを酸化し，電子は外部回路を経て対極に移動し，この表面でレドックス種のOxを還元する．こうし

て外部回路に光による酸化電流が流れる．

次は，もう少し具体的なバンド構造を見ながら理解を深めよう．TiO_2 は n 型半導体であり図 3.5(a) のようなバンド構造を示す．伝導帯は水の還元準位よりもわずかに高く，-0.3 V $vs.$ NHE であり，価電子帯は $+2.9$ V $vs.$ NHE である．この半導体を電解質水溶液中に入れると，そのフェルミ準位を水溶液のフェルミ準位と一致させようとして，半導体側から水溶液側に電子が移動し，半導体表面近傍に動けないプラスの電荷の層，空乏層が形成され（図 3.5(b)），バンドが上向きに曲がり半導体-金属接合のショットキー型のバンド構造が接合界面近傍で形成される（図 3.5(c)）．また，光照射によって生成した正孔は水を酸化できるエネルギーをもっており，バンドの曲がりを利用して電極表面に到達することができ，水を酸化しやすい．

さて，この電極を 0.5 M の H_2SO_4 水溶液中に入れ，3 極式セルを用いて TiO_2 電極に紫外線を照射（ON-OFF）しながら，ボルタモグラムを測定すると，図 3.6 のような電流-電位特性を得ることができる．光を照射したときに，プラス側の電流（アノード電流）が

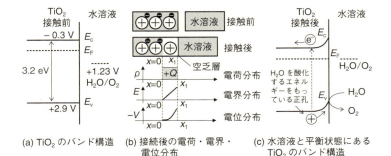

図 3.5 TiO_2 のバンド構造と水溶液中で熱的平衡状態にあるバンド構造

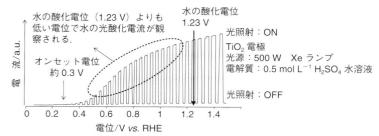

図3.6 TiO₂のバンド電極の光電気化学特性（光ON–OFF下での電流-電位特性）

観察される．この電流は水の酸化反応に由来する電流である．通常の水電解では水の酸化は室温では熱力学的に 1.23 V よりも低電圧では進行しないが，TiO₂ 電極を用いるとそれよりも低い電位である 1.0 V，0.5 V などでも水の酸化電流が観察される．これは，n 型半導体と水溶液接合界面でショットキー型のバンド構造が形成されるため，光励起によって生成した正孔（+2.9 V と水を酸化するための十分なエネルギーをもった正孔）が障壁なく水溶液中に出ることができるため，電極電位が水の酸化電位を満たしていなくても，水を酸化できるからである．ここで，光励起によって生じた電子は電線を通じて対極に移動する．この電子自身も水を還元できるエネルギーをもっているため，Pt などの水素過電圧が小さい電極と TiO₂ 電極を繋げるだけでもごくわずかな電流が観察されるが，十分に反応を進行させるためには 0.5 V 程度の外部バイアスを印加する必要がある．しかしながら，TiO₂ 電極と Pt 電極とを接続させて TiO₂ 電極に紫外線を照射すると，水の理論分解電圧である 1.23 V よりもかなり小さい電圧で，水を水素と酸素に分解することができる．このような効果は本多–藤嶋効果ともよばれ，1970 年代から現在に至るまで盛んに研究が進められている．

3.3 TiO₂ ナノシート電極の光電気化学特性

さて，酸化チタンを厚さ 1 nm のナノシートにした場合，同様な反応が進行するだろうか？　考えてみよう．先に示したように，フェルミ準位の異なる金属や水溶液と半導体を接合した場合，フェルミ準位を一致させようとしてキャリアが移動する．n 型半導体がそのフェルミ準位よりも深い材料（今回の場合は水溶液）と接すると，これまでの考え方を踏襲すると n 型半導体側から水溶液に電子が移動しショットキー型のバンド構造を形成する．しかしながら，ショットキー型のバンド構造を形成するためには空乏層を形成する必要があるが，ナノシートの場合はその厚さが 1 nm と非常に薄いため，十分な電位勾配を形成するための空乏層が形成されないと机上では予想できる．では，実際はどうだろうか？　図 3.7(a) は TiO₂ ナノシート電極に紫外線を照射しながら測定したボルタモグラムである．驚くべきことに電流は小さいが，水の酸化電位よりも小さい電圧で水の酸化電流が観察される．また，TiO₂ ナノシートは量子効果によりコラム 1 に示したようにバンドギャップが拡大し，価電子帯の位置もマイナス側に増大する．この増大に伴いフェルミ準位の変化も予想されるが，ナノシートのオンセット電位（光酸化電流と光還元電流が切り替わる電位）はバルク TiO₂（図 3.7(b)）に比べてマイナス側にシフトしていることがわかる．つまり，TiO₂ をナノシート化することでより低い電位で水を光電気化学的に酸化することができる．さて，TiO₂ ナノシートは 1 nm と非常に薄いためバンドの曲がりをもたらす空乏層が形成されないと予想されたが，実際は図 3.7(a) に示すように，半導体電極特有の整流作用が観察される．このような半導体ナノシートの整流作用は，酸化ニオブやカルシウムニオブの複合酸化物半導体ナノシート，

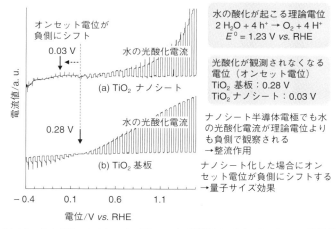

図 3.7 （a）TiO₂ ナノシート（約 1 nm）半導体と（b）バルク TiO₂ 半導体電極の光電気化学応答性の比較

NiO ナノシートなどでも観察される．なぜ，空乏層が形成されない極薄のナノシートでも整流性が観察されるのかについては，まだ明確になってはいないが，筆者はナノシートの膜厚方向ではなく面内方向にバンドの曲がりができていると考えている．実際，次の節で説明するように，TiO₂ ナノシートでは励起電子はエッジ部分から出やすく，正孔は面内から出やすいという結果が報告されており，半導体ナノシートで生成した電子と正孔の反応のバランスが整流性をもたらしているのかもしれない．また，半導体ナノシートを電極表面に積層していくと光電流が減少することも報告されており，これはナノシート・ナノシート間での電子の移動が起きにくく，ナノシート面内方向に電子が移動しやすいことを示唆している．

一方，別のメカニズムとしては，空間電荷層より十分に薄いナノ

シートでは，電位を変化させるとバンド端がそれに伴って変化するという機構も提案されている．この場合，レドックス種が酸化される電位に価電子帯上端の電位が到達すると生成した正孔がレドックス種を酸化する．ナノシートのフェルミ準位が電極電位に相当するが，それより正にある価電子帯上端（TiO_2ナノシートでは$+2.9$ V *vs.* RHE）では十分に水を光酸化できる状態にあり，したがって酸化還元電位より十分負の電位でも光酸化電流が生じる．

3.4 半導体ナノシート内部のキャリアの移動

TiO_2ナノシート積層膜を作製した後，その積層膜をスクラッチしてエッジ部を作製し，そこに集電体となる金属を付着させると光電流が増大する．これはTiO_2ナノシートのエッジ部を通して電子が集電体へと流れ，電極に到達したためである．このように半導体ナノシートの場合，キャリアの動きやすさが面内と面に垂直な方向で大きく異なる可能性がある．

ナノシート内に励起した電子や正孔がどこから外部に出やすいか直接評価することは難しいが，金属イオンを用いた光堆積反応を用いると電子や正孔がナノシートのどこから外部環境に出やすいか予想することができる．たとえば，TiO_2ナノシートをAg^+，Cu^{2+}，そしてMn^{2+}水溶液中に入れ紫外光を照射すると，前二者の場合には，ナノシートのエッジ部分にナノサイズの粒子が電着し，それぞれ Ag と Cu_2O であることがわかっている（図3.8(b)）．一方，後者の場合にはエッジでなく表面全体に Mn_2O_3 や MnO_2 が析出した．これらの結果は，前者の場合，光照射で生成した電子がナノシート内部の Ti^{4+} 層を移動し，エッジに存在する酸素イオン欠損や結晶方位によって生じた金属イオン d 軌道のダングリングボンドにトラッ

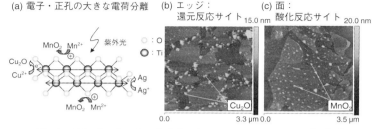

図 3.8　TiO$_2$ ナノシートに光析出した Cu$_2$O や MnO$_2$ の AFM 像 [16]

プされ，そこで Ag$^+$ や Cu^{2+} を還元することを意味している．すなわち，光還元サイトはナノシートのエッジであり，光生成した正孔はもともと酸素 p 軌道からなる価電子帯に生成することから予測されるように O^{2-} 上にトラップされている可能性がある．そのため正孔は O^{2-} が覆っているナノシート表面上で Mn^{2+} を酸化し，Mn$_2$O$_3$ や MnO$_2$ の析出をもたらす（図 3.8(c)）．結局，この場合には酸化反応サイトはナノシート表面であることがわかる．これは，ナノシートの光励起により生成した電子と正孔は大きく電荷分離し，正孔は表面酸素イオン（O–2p）に，電子は内部の金属イオン平面（Ti–3d）に閉じ込められる傾向があるためである．以上のように，半導体酸化物ナノシートは効率よく光照射によって生成した電子–正孔対が電荷分離するきわめて重要な特徴をもつのである．

　ところで，光酸化電流が流れるということは，ナノシート表面から電子が電極に流れていることを意味しており，前記した電子は内部に閉じ込められてナノシートのエッジからしか電子が放出されないという光電析現象では説明できない．なぜなら，ナノシートは電極に平行に面を向けて固定されているからである．この矛盾は，ナノシートの面方向に電圧をかけると，内部にある電子と表面にある

コラム 6

シリセン

シリセンとは Si が蜂巣格子状に組んで形成した1枚の半導体ナノシートである（図(a)）。シリセンは，グラフェンと同様な特有のディラック電子系を形成する。このような物質中では，電子があたかも質量がない粒子として高速に移動するために，超高速電子デバイスへの応用が大きく期待されている．また，シリセンはグラフェンと異なり，バンドギャップの形成とその制御が可能であると考えられており，グラフェンの欠点を克服した新たなナノシートとして研究が進められている．たとえば，このようなシリセン構造に似た構造をもつシートも層状構造の剥離を経由して合成することができる可能性がある．たとえば，層状構造をもつカルシウムシリサイド（$CaSi_2$）の Si 層は1層のシリセンとみなすことができる．このシリセン層は剥離処理によりナノシートとして取り出すことができるが，容易に酸化分解して大気中で扱うことは難しい．しかしながら，$CaSi_2$ のカルシウム層をフッ素化すると1層のシリセンが2層構造に転移する．この2層シリセンでは Si が4本の結合手で連結した化学的安定性の高い構造であるため（図(b)），大気中でも比較的安定に取り扱うことが可能と考えられている [1]．

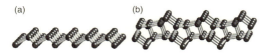

図 (a) 単層と (b) 2層シリセンのモデル構造

[1] Yaokawa, R., Ohsuna, T., Morishita, T., Hayasaka, Y., Spencer, M. J. S., Nakano, H., *Nat. Commun.*, **7**, 10657（2016）．

正孔は容易に膜を横切って流れる状態にある，という仮説を立てれば説明可能である．もしそうであるなら，ナノシートは電圧に対して非常に柔軟に対応できる材料である可能性がある．

第4章

半導体ナノシート光触媒

　光触媒を利用して太陽光と水から水素を得る試み（図4.1）は，クリーンなエネルギー製造技術として期待される分野の一つである．高効率の光触媒を開発するための材料設計方針としては，高表面積かつ高い結晶性をもつ材料の合成が必要である．そのほか，再結合や逆反応を防ぐため光酸化・還元サイトを分離することも重要な設計方針の一つである．二次元の結晶構造をもつナノシートは，このような材料設計を可能にする材料の一つである．ナノシートは厚さ1nm程度，四方の大きさが数百ナノメートルの広さをもつ，表面アモルファス相がない単結晶であるため，光励起したキャリアなどが散乱されにくく，優れた光触媒になりうると考えられる．さらに，異種ナノシートの積層によりpn接合を作製できれば，接合間に生じた電位勾配を駆動力として光酸化サイトと光還元サイトを空間的に分離でき，ナノシート単層よりも再結合や逆反応を抑えることができると予想される．そのほか，ナノシートを用いると通常のバルク触媒では難しかった光触媒の活性中心の直接観察や反応場となる表面の結晶構造を具体的に決定することができるため，計算化学を利用することで光触媒反応の経路を分子サイズで精度よく考察できる可能性がある．本章では，ナノシート光触媒，ナノシートpn接合における光酸化還元反応サイトの分離機構および，光触媒反応の活性中心の直接観察の試みについて解説する．

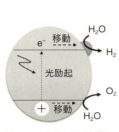
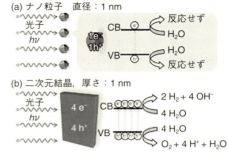

図4.1 水分解光触媒のモデル図

図4.2 ナノ粒子光触媒とナノシート光触媒の光吸収の比較

4.1 ナノシート光触媒の利点

　バルク光触媒の粒子内部で励起されたキャリアが触媒反応に利用されるためには粒子表面まで移動する必要がある．しかしながら，粒子内部に欠陥サイトがあると，励起キャリアは表面へ移動する途中で欠陥サイトに補足されやすい．一方，高い結晶性をもつナノ粒子では，粒子径がナノサイズであるため電子や正孔がほとんど移動することなく表面に到達できるため，上記の理由による活性の低下が抑制できると考えられている．しかしながら，太陽光を利用した光エネルギー変換反応では，単位面積あたりに降り注ぐ光子の数が十分でないため，ナノ粒子では，水の光酸化反応（4電子反応）などの多電子が関与する反応は難しい．たとえば，1 nmのナノ粒子では4個の光子と衝突するのに理論的には数マイクロ秒を必要とするが，励起したキャリアの寿命は一般的にそれよりも短いため，ナノ粒子では反応に必要な光励起したキャリアの数を準備できない．一方，本書で紹介する厚さ1 nm，四方の大きさが数マイクロ

メートルのナノシートは，単位時間あたりに数多くの光子と衝突でき，かつ，光励起した電子や正孔が表面に移動するまでの距離が短いため，多電子反応が関与する光反応には理想的な構造であるといえる（図 4.2）．

4.2　光触媒の薄膜化

水分解光触媒の反応モデルとして，図 4.1 に示したようなポンチ絵をよく目にする．光励起によって生成した電子と正孔が，それぞれ水を還元，酸化して水素と酸素を発生するモデルである．これだけを見ると，この反応は非常に簡単に見えるが，その変換効率は実用レベルとしてはまだ低い．この効率を向上させる戦略として図 4.2 に示すように光触媒を薄くすること（ナノシート化）で達成できないか検討されている．光触媒を薄くするとなぜ再結合が抑えられる可能性があるかというと，光励起により生成したキャリア（電子や正孔）の移動距離が短くできるからである．半導体内部のキャリアの移動のしやすさは，キャリア密度と移動度の積に依存する．移動度とは，励起したキャリアが半導体内部を散乱せずに移動できる平均時間の関数である．つまり，散乱するまでに移動する距離よ

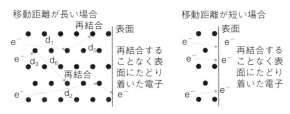

図 4.3　光触媒の反応と半導体内部の電子の動きの簡単なモデル図
●電子が散乱を受けるサイト．

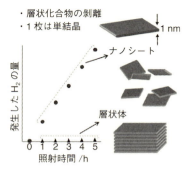

図 4.4 層状体とナノシート光触媒の光触媒水素生成活性 [10]
層状体：$CsCa_2Ta_3O_{9.7}N_{0.2}$，ナノシート：$Ca_2Ta_3O_{9.7}N_{0.2}$．

りも光触媒を薄くすることができれば，半導体内部で生成したキャリアを効率よく表面に到達させることができると考えている（図4.3）．

では，実際に半導体を薄くすることで，光触媒の活性が向上するのであろうか．図 4.4 は半導体ナノシートとそのナノシートが積層した層状体の光触媒活性であるが，明らかに半導体を薄く（ナノシート化）することで，光触媒水素生成活性が向上することが確かめられている．ただ，半導体をナノシート化すると，それ自体が水中で凝集してしまうので，分散剤を添加する必要がある．しかし，分散剤が正孔を消費する犠牲剤としてはたらくため，水の完全分解を達成するのは現状では難しい．今後は，ナノシート構造を維持したまま，分散剤なしで水に単分散させる技術を開発する必要がある．

4.3 助触媒の役割

 光触媒の活性を向上させるには助触媒を触媒表面上に担持する必要があり，この担持方法によっても触媒活性は大きな影響を受ける．一般的に，高効率の水分解光触媒の設計において，水の還元反応を促進する助触媒としてはたらくナノ粒子の"担持"が必須であり，その活性は担持方法やその量に強く影響を受ける．たとえば，Ptなどの水素生成用の助触媒が担持されていない光触媒や多くの助触媒が担持された光触媒は水分解の活性が低い．一方，適切な量の助触媒が担持された光触媒は，10～100倍程度も高い活性を示すことがよくある（図4.5）．助触媒の担持効果としては，反応サイトの導入，反応の過電圧の低減，電荷分離の促進などをもたらすと考えられている．そのほか，光触媒活性を向上する方法として，遷移金属イオンのドーピングもよく行われている．たとえば，NiO助触媒を担持したジルコニウム（Zr）-ドープ$KTaO_3$やPt助触媒を担持したロジウム（Rh）-ドープ$SrTiO_3$などがあり，電子濃度の制御や可視光応答性の付与により光触媒活性が向上する．しかしなが

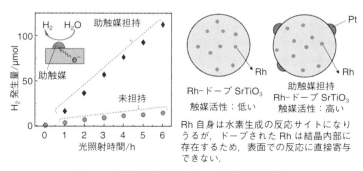

図4.5 半導体光触媒の活性と助触媒担持の関係

ら，ドーピングのみの光触媒，つまり，NiO や Pt などの助触媒を担持しない場合は，大きな光触媒活性の向上は得られない．Rh をドープした $SrTiO_3$ は Rh が不純物準位を形成し，新たな価電子帯が生じる．こうすることで，もともと 3.2 eV であったバンドギャップが，2.4 eV まで狭まることが報告されている．しかし，これらの遷移金属のドーパントは一般的に助触媒としてはたらかないことがわかっている（図 4.5）．この理由は次のように説明できる．

バルク光触媒の場合，ドーパントはその大部分が粒子内部に存在し，表面に位置しないため，ほとんどのドーパントが反応に直接的に関与できないのである．一方，ナノシートにドープされた金属イオンの場合，すべて表面のごく近傍に位置するため，水との反応に直接関与することができる（図 4.6）．そのため，ドーパントの種類によってはドープサイトが助触媒サイトとして機能することが可能であり，ナノシート光触媒では，助触媒の"担持"が必要ない材料系も存在する．たとえば，Rh-ドープ $Ca_2Nb_3O_{10}$ ナノシートとその層状体である Rh-ドープ $KCa_2Nb_3O_{10}$ の光触媒的水素生成の活性を比較すると，層状体よりもナノシートのほうが約 100 倍程度，高い活性を示す（図 4.6）．この材料系において Rh^{3+} が Nb^{5+} サイトにドープされている．層状体では上記に示したように，Rh-ドーパントの多くは水と直接的に接触できないが，層状体がナノシートに剥離されると，Rh-ドーパントが水と直接的に接触できる環境になる．また，Rh がドープされていない $Ca_2Nb_3O_{10}$ ナノシートの光触媒活性よりも Rh-ドープナノシートは 10〜15 倍程度活性が高いので，Rh-ドープサイトがこの光触媒反応の活性点（助触媒）として機能していることは間違いないであろう．

次に，Rh-ドープサイトが還元反応，酸化反応のどちらの反応を促進しているのかについて考えてみる．この反応の還元反応は水の

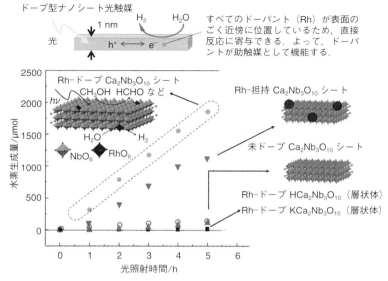

図 4.6　Rh(0.03)-ドープ Ca$_2$Nb$_3$O$_{10}$ ナノシートの光触媒活性 [21]
触媒量：5 mg，反応溶液：10 vol%　メタノール水溶液　200 mL，光源：500 W Xe-ランプ．

還元であり，酸化反応はメタノールの酸化である．そこで，ナノシートの光電気化学特性についてメタノールを 10% 含む 0.1 mol L^{-1} K$_2$SO$_4$ 水溶液で測定したところ，Rh をドープしていない Ca$_2$Nb$_3$O$_{10}$ ナノシートのほうが Rh-ドープ Ca$_2$Nb$_3$O$_{10}$ ナノシートよりも大きな光酸化電流を示す（図 4.7）．この電流値の大小は光照射下におけるメタノールの光酸化反応の程度を反映しているため，少なくとも Rh-ドーパントはメタノールの光酸化反応の促進には寄与していないことがわかるであろう．また，重水素でラベルしたメタノール（CD$_3$OH）を用いて同様の光触媒反応を評価したところ，還元

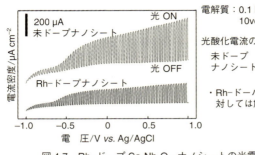

図 4.7　Rh–ドープ $Ca_2Nb_3O_{10}$ ナノシートの光電気化学特性

コラム 7

金属錯体ナノシート

　半導体ナノシートの多くは層状構造の剥離に代表されるようなトップダウン型の合成方法によって得られるが，金属錯体などの分子を出発材料に用いたボトムアップ型の手法を用いたナノシート合成も，ここ 15 年間で急速に発展している．金属錯体を用いる利点としては，錯体を構成する金属イオンと有機配位子の組合せは無機物質と比べて豊富であるため，所望の半導体特性を設計しやすい点や，その合成温度が室温付近と無機材料に比べて格段に低い点が挙げられる．たとえば，ベンゼンヘキサチオールを有機配位子，ニッケル（II）イオンを中心金属にもつニッケラジチオレン錯体ナノシートは，ビス(ジチオラト)ニッケル錯体ユニットとフェニレンが縮環した構造をもっており，ベンゼンヘキサチオールのジクロロメタン溶液と酢酸ニッケル臭化ナトリウム水溶液との液-液界面でナノシートが生成する [1]．この手法により 0.6 nm と非常に薄い錯体ナノシートが合成できる．また，このような単原子層ジチオレン金属錯体ナノシートは，物質内部は絶縁体であるが表面はグラフェンのようなディラック電子系をもつトポロジカル絶縁体として機能するとの理論予測もされており [2]，今後の発展が期待できるナノシートでもある．

生成物は質量数2のH$_2$であったため,光触媒反応で生成している水素はメタノールの還元反応に由来するものでないこともわかっている(もし,メタノールの還元分解によって水素が発生するのであれば,質量数4のD$_2$や質量数3のHDが生成するであろう).これらの結果を総合して,間接的ではあるが,Rh-ドープサイトは水の還元サイト(助触媒サイト)として機能していると考えられている.この結果は,Rh-ドープサイトのような単原子ドープサイトが光触媒の水素生成の活性点となっていることを示唆しており,ナノシートは今後,助触媒担持を必要としない新しい水分解光触媒にな

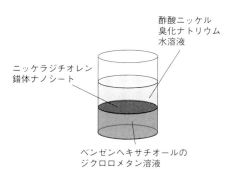

図　液液界面法による錯体ナノシート合成法の概念図

[1] Kambe, T., Sakamoto, R., Hoshiko, K., Takada, K., Miyachi, M., Ryu, J.-H., Sasaki, S., Kim, J., Nakazato, K., Takata, M., Nishihara, H., *J. Am. Chem. Soc.*, **135**, 2462 (2013).
[2] Wang, Z. F., Su, N., Liu, F., *Nano Lett.*, **13**, 2842 (2013).

りうるかもしれない．

4.4 可視光応答性ナノシート

酸化物系のナノシートはおもに紫外光のみを吸収するため，可視光照射下でも光触媒として機能させるためには，可視光を吸収できるようなバンド準位を半導体中に形成する必要がある．酸化物中に窒素（N）をドープすると N 2p から Ti 3d，Nb 4d，Ta 5d への励起が可能になり，その吸収が可視領域に対応するため，酸化物ナノシートの可視光応答化の手法の一つに N-ドープが検討されている．たとえば，N がドープされた層状酸窒化物（$KCa_2Nb_3O_{10-x}N_y$ や $CsCa_2Ta_3O_{10-x}N_y$）を剥離することで，可視光領域に吸収をもつ $Ca_2Nb_3O_{10-x}N_y$ ナノシートや $Ca_2Ta_3O_{10-x}N_y$ シートを得ることができる．化合物中の窒素量は 2〜3% であり図 4.8 に示すように酸素サイトの一部を窒素が置換していると考えられている．現状では，N-ドープの酸化物ナノシートの光触媒活性は低いが，上記のナノシートの構造の A サイトを Ca ではなく，Sr，Ba に置換した

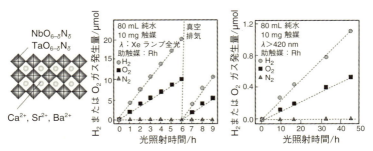

図 4.8　N-ドープ酸化物ナノシートのモデル構造と $Sr_{2-x}Ba_xTa_3O_{9.7}N_{0.2n}$ ナノシートの水分解光触媒活性

$Sr_{2-x}Ba_xTa_3O_{9.7}N_{0.2}$ ナノシートは N–ドープナノシートのなかでは，比較的高い活性を示すことがわかっている．図 4.8 はこのナノシートに RhO_x を光担持して水分解光触媒活性を評価した結果であり，紫外光照射下または可視光照射下で水の完全分解を達成することができる．

4.5 ナノシート pn 接合

pn 接合は太陽電池や発光デバイスなどの電子デバイスにおいてその利用が先行しているが，最近では触媒などの化学反応が関与する分野にも広がりつつある．接合部付近では電位勾配が形成されているため，光吸収により生成した電子と正孔は電位勾配を駆動力として，正孔は p 型半導体側，電子は n 型半導体側に移動する（図4.9）．実際，p 型と n 型半導体を接合した触媒は，未接合の粒子に比べて触媒活性が向上するという報告が多く存在する．しかしながら，粒子どうしの接合は点と点の接合であるため，接合点の周辺で電位勾配が形成されているかどうかの評価が難しい．また，原子レベルで平滑な表面どうしの接合ではないため，その接合界面の位置は曖昧であり，さらに粒子最表面はアモルファス層が形成されやす

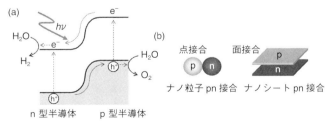

図 4.9 (a) pn 接合型光触媒，(b) ナノ粒子，ナノシート pn 接合のモデル図

74   第4章　半導体ナノシート光触媒

く界面付近での結晶性の低下が予想される．このような界面では，接合付近に空乏層が形成されているか疑問な点もあり，触媒活性の向上が，接合に由来するものなのかよくわかっていない．一方，アモルファス層がない単結晶ナノシートを用いると理想的な面と面の接合を形成できるため，半導体特性の評価がしやすい．しかし一方で，ナノ半導体を光エネルギー変換に用いる場合，ナノ粒子を接合させても，空乏層を形成するための空間的スペースがなく，接合間で電荷分離をもたらす十分な電位勾配が形成されないため，ナノレベルのpn接合は光エネルギー変換素子として利用できないという指摘もなされている．本節では，実際にナノシートを用いてpn接合を作製した場合に電位勾配がどうなるかをみていこう．

4.5.1　NiOシートとn型-$Ca_2Nb_3O_{10}$シートの接合

　表面にアモルファス層がなく結晶表面が原子レベルで平滑なp型-NiOシートとn型-$Ca_2Nb_3O_{10}$シートを接合させることで極薄（1.7 nm）のpn接合体を作製することができる（図4.10）．このようなナノシートpn接合は水酸化ニッケルナノシートと$Ca_2Nb_3O_{10}$（CNO）ナノシートをラングミュア・ブロジェット（Langmuir-Blodgett：LB）法を用いて接合した後，基板を400℃で1時間焼成することにより作製できる．この熱処理により，水酸化ニッケルナノシートが酸化ニッケルに変化する．

　図4.11(a)はNiO（0.3 nm）シートとCNO（1.4 nm）を積層させて作製したpn接合のAFM像である．六角形のシートはNiOシートであり，多角形のシートはCNOシートである．シートの形状が異なるために，プローブ顕微鏡を用いてもどこがp型でどこがn型シートであるか評価することができる．接合箇所の膜厚は単独箇所と比較して厚く1.7 nm程度であることがわかる（図4.11(b)）．

4.5 ナノシート pn 接合   75

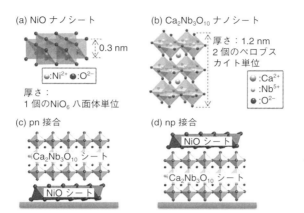

図 4.10　NiO シート，n 型-Ca₂Nb₃O₁₀ シートの pn 接合のモデル構造

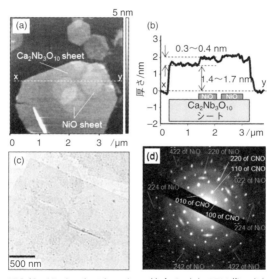

図 4.11　NiO/Ca₂Nb₃O₁₀ ナノシート pn 接合の（a）AFM 像，（b）AFM 像の断面プロファイル，（c）TEM 像，（d）SAED パターン [13]

図 4.11(c) は接合箇所の TEM 像である．ナノシートは非常に薄いため，AFM 像のようにどこが p 型, n 型であるか判断しづらいが，うっすらと NiO シートの六角形状は確認できる．また，接合箇所では図 4.11(d) のようなスポット状の電子線回折パターンを得ることができる．回折パターンをよく見ると，六角形状に配列したスポットと碁盤の目状に配列したスポットが確認できる．前者は NiO の (111) 面，後者は CNO シートの (001) 面の回折パターンであり，単結晶どうしが接合していると判断することができる．このように単結晶ナノシートを接合することで超薄膜ヘテロ pn 接合を形成することができる．

コラム 8

光触媒の反応サイトはどこ？

水分解光触媒上で水素はどこから出ているだろうか．しかしながら，その表面は複雑であるため 1 原子反応サイトを特定することは難しい．しかしながら，Rh がドープされた酸化物ナノシートでは，その Rh-ドープサイトが水素

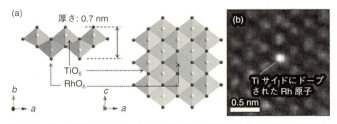

図　Rh-ドープ TiO_2 ナノシートの (a) モデル構造，(b) HAADF-STEM 像

4.5.2　ナノシート pn 接合での電位勾配の形成

　ナノシート接合界面に電位勾配が形成されているかの評価はケルビンフォースプローブ顕微鏡（KFPM）により評価できる．KFPM測定では表面電位（フェルミ準位）の位置を相対的に評価することができる．たとえば n 型と p 型半導体を接合させた場合，両者のフェルミ準位を一致させようと半導体内の動けるキャリアが動く．これにより接合部では動けないキャリアが残り，空乏層が形成され，接合部に電位勾配が形成される．フェルミ準位に関しては接合することにより，真空準位を基準にすると n 型半導体側のフェルミ準位は接合前に比べて深くなり，p 型半導体側では浅くなる．つまり，表面電位の変化を観察することで接合部に電位勾配が形成さ

生成の反応点としてはたらくことがわかっているため，透過型電子顕微鏡（TEM）を用いて Rh 反応サイトの原子レベルでの構造を観察することができる．図は Rh–ドープ TiO_2 ナノシートのモデル構造と高角散乱環状暗視野走査透過型顕微鏡（HAADF–STEM）像である．図(b) 中の白い点が 1 原子ドープされた Rh^{3+} であり，このサイトで水素生成が起こっていると考えられている．最近，この構造を用いた第一原理計算による反応中間体の予測と実験による計算結果の検証から，この Rh 反応サイトでは水素生成の中間体としてヒドリド種が生成している反応モデルが提案されている [1,2]．

[1] Ida, S., Kim, N., Ertekin, E., Takenaka, S., Ishihara, T., *J. Am. Chem. Soc.*, **137**, 239（2015）.

[2] Ida, S., Sato, K., Nagata, T., Hagiwara, H., Watanabe, M., Kim, N., Shiota, Y., Koinuma, M., Takenaka, S., Sakai, T., Ertekin, E., Ishihara, T., *Angew. Chem. Int. Ed.*, **57**, 9073（2018）. https://doi.org/10.1002/anie.201803214

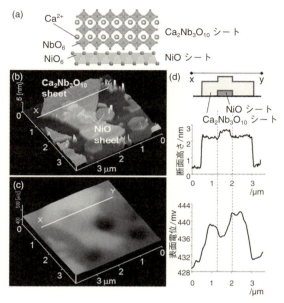

図 4.12 Ca₂Nb₃O₁₀/NiO ナノシート np 接合の (a) モデル構造, (b) AFM 像, (c) KFPM 像, (d) 断面の高さと表面電位プロファイル

れているかどうかを判断することができる.図 4.12 に CNO/NiO ナノシート np 接合の AFM 像と KFPM 像を示す.この像において,六角形の NiO シートの上に CNO シートが覆いかぶさるようにサンプルを作製している.測定表面はすべて n 型の CNO シートであるにもかかわらず,下地に p 型-NiO シートがあるところは表面電位が低下している(図 4.12(c)).これは,接合箇所で Ca₂Nb₃O₁₀ のキャリアの一部が NiO 側に移動することにより表面電位が変化し,接合部に電位勾配が形成されていることを示している.つまり,非常に薄いナノシートどうしの接合でも接合部には電位勾配が形成さ

れ，pn 接合として動作しうることを意味している．

4.5.3 ナノシート pn 接合での電荷分離

電位勾配により光酸化・還元サイトが分離されるかどうかについては光堆積法を用いて確認できる．酸素や水素などの気体が発生する光酸化・還元サイトを特定することは非常に難しいが，光酸化・還元により固体の堆積物を生成する反応を用いると，どこで光酸化・還元反応が起こっているか特定することができる．この評価は銀イオンやマンガン（II）イオン（Mn^{2+}）などを含む水溶液中に目的のサンプルを浸漬し，光を照射することで実施した．この反応では，Ag^+は光生成した電子によって還元され金属の銀（Ag）として電子が出てきた付近に堆積し，Mn^{2+}は光生成した正孔によって酸化されMn_2O_3，もしくはMnO_2として正孔が出てきた付近に堆積する（図 4.13(a)）．また，この実験では，ナノシートの種類による表面への各金属イオンの吸着の効果に違いが生じるのを防ぐため，表面に CNO シート，第 2 層目に NiO シートが位置する np 接合を作製した（図 4.13(b)）．このサンプルでは NiO と接合していない CNO 表面と NiO と接合している CNO 表面が存在するが，反応面はすべて CNO 表面であり，結晶面や組成はすべて同じであるとみな

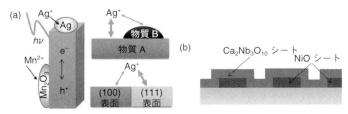

図 4.13 （a）光堆積反応のモデル図，（b）ナノシート np 接合のモデル図

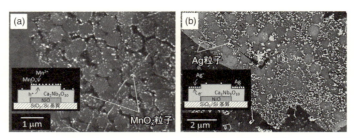

図 4.14 Ca₂Nb₃O₁₀/NiO ナノシート np 接合表面の光酸化・還元サイトの観察 (a) MnOₓ の堆積反応後（酸化反応サイト）の SEM 像, (b) Ag の堆積反応後（還元反応サイト）の SEM 像.

せる．図 4.14 は Ag^+ と Mn^{2+} が存在する水溶液中に CNO/NiO 接合体を入れて紫外線を照射した後の FE-SEM 像であり，白い点が堆積物である．MnO_x（図 4.14(a)）は下層に NiO がある CNO 上に優先的に，Ag（図 4.14(b)）は NiO と接合していない CNO 上に優先して堆積した．このような光堆積が起こる位置は接合によって生じた電位勾配と対応しており，ナノシート pn 接合間で生じた電位勾配により光酸化・還元サイトが分離されることが明らかとなった．

4.5.4 ナノシート pn 接合表面のバンドモデル図

厚さ 2 nm 程度の CNO/NiO ナノシート接合は，一般的な空乏層の厚み（数百ナノメートル）よりもはるかに薄い．したがって，接合部上のドナーおよびアクセプターはすべてイオン化し，その電荷の和は電気的中性の原理から膜方向に対しゼロとなっていると予想される（図 4.15(a)）．ここで，キャリアの拡散を考えると，接合部から少し外れた領域のドナーやアクセプターも同様にイオン化するが，CNO と NiO のキャリアの濃度が異なるために空間電荷密度（$\pm Q$）に接合境界部で違いが生じる（図 4.15(b)）．これらの電荷

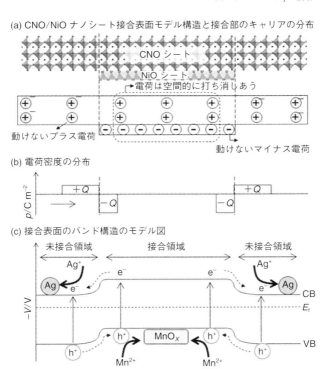

図 4.15 CNO/NiO ナノシート接合表面の (a) モデル構造と接合部のキャリアの分布，(b) 電荷密度の分布，(c) バンド構造のモデル図

によって電場が形成され，この結果，CNO ナノシート表面に図 4.15(c) のようなバンドの曲がりが形成される．このような電位勾配の分布は，図 4.12 に示した KFPM 測定で得られた表面の電位勾配分布を示す図 4.12(d) に一致する．また，このような電位分布からは，光照射によって生じた CNO ナノシートの電子は電位的により安定な未接合部へ，また正孔に関しては接合部へ移動すること

82　第4章　半導体ナノシート光触媒

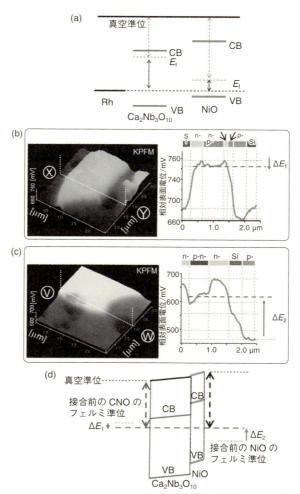

図 4.16　(a) KPFM 測定で見ている電位，(b) CNO(表面)/NiO ナノシート接合表面の KPFM 像，(c) NiO(表面)/CNO ナノシート接合表面の KPFM 像，(d) CNO/NiO ナノシート接合の断面方向の電位分布 [13]

4.5 ナノシート pn 接合 *83*

が予想されるが，これは，金属イオンの光堆積法を用いて反応サイトを特定した結果と一致する．さて，接合方向のバンド構造はどのように描けるだろうか．接合部が 2 nm と薄いため，KFPM 測定で実験的に観察することは難しい．しかしながら，NiO シートが表面の NiO/CNO ナノシート接合面の表面電位と，CNO シートが表面の NiO/CNO ナノシート接合面の電位，および NiO，CNO 単独の表面電位を比較することで，接合によりどのくらい表面電位が変化したかを見積もることができる．

KFPM で見ている電位とは，使用した AFM 針（Rh）と各半導体の電位差（図 4.16(a)）であり，CNO（表面）/NiO 接合の表面電位の変化 ΔE_1（図 4.16(b)）と NiO（表面）/CNO 接合の表面電位の変化 ΔE_2（図 4.16(c)）から CNO/NiO ナノシート接合の断面方向の電位分布は図 4.16(d) のようになると予想される．

```
          ▼
      第5章
```

発光ナノシートおよび層状体

　第1章で層状構造をもつ半導体をナノシート化すると，MoS_2では遷移が間接遷移から直接遷移に変わるため発光（蛍光）がしやすくなると説明した．一方，積極的に発光中心を半導体ナノシートの結晶構造に導入することでも，発光ナノシートを合成することができる．本章では発光中心，特に希土類イオンをドープしたナノシートについて紹介する．また，ナノシートと希土類イオンを混合させると，静電的な相互作用により瞬時に層状構造を形成する．このようなナノシートから形成された層状体は発光の励起スペクトルが部分的に欠ける，スペクトルホールバーニングなどの発光特性を示すことがあり，これらについても紹介する．

5.1　希土類含有ペロブスカイトナノシート

5.1.1　ペロブスカイトナノシート

　ナノシート構造の内部に発光性の希土類イオンを導入させるためには，あらかじめ層状構造を作製する段階で特定の原子サイトに希土類イオンをドープする必要がある．たとえば，希土類（RE）・チタン系のペロブスカイト構造をもつ $RE_2Ti_3O_{10}$ 酸化物ナノシートを考えよう．REサイトはAサイト，TiサイトはBサイトとよばれる．このナノシートのAサイトにはさまざまな種類の希土類イオンが

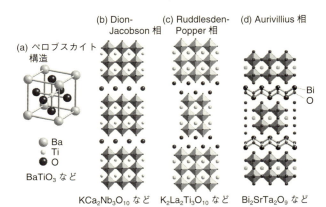

図 5.1 ペロブスカイト構造，層状ペロブスカイトの構造モデル図

入ることができ，AサイトにユウロピウムイオンEu^{3+}）とガドリニウムイオン（Gd^{3+}）を共ドープしたナノシートは，比較的強い赤の発光を示す．このようなナノシートはおもに層状のペロブスカイト構造をもつ層状化合物から得ることができる．数ある層状酸化物のなかでも，層状ペロブスカイトは三次元ペロブスカイトと類似の性質が得られることが期待されるナノシートから構成されているため，興味深い物質群である．イオン交換性層状ペロブスカイトが 1980 年代に見い出されて以来，インターカレーション反応などの基礎的検討が行われてきたが，近年多方面に新たな展開を見せている．

層状ペロブスカイトとは，BaTiO$_3$ などのペロブスカイト構造（図 5.1(a)）をもつナノシートを構造中に有した化合物をさす．これらの構造は，ペロブスカイト構造を (100) 面に平行に切り出したナノシートを含む構造（以下 (100) 系構造）と (110) 面に平行に切り出したナノシートを含む構造（以下 (110) 系構造）に分

類される．(110) 系構造としては，$A_nB_nO_{3n+2}$ で表される構造が知られており，特に $n=4$ の化合物 $A_2B_2O_7$（$=A_4B_4O_{14}$）が広く知られている．(100) 系構造の代表例としては Ruddelesden–Popper 相 (RP 相) がある（図 5.1(c)）．その組成は $A_{n+1}B_nO_{3n+1}$ で表すことができ，n の値はナノシートを構成する BO_6 八面体層の数，つまりナノシートの厚みを表すことになる．ナノシートの間に存在する A イオンの代わりに酸素とビスマス（Bi）が岩塩型構造を形成する酸化ビスマスシートを含む一連の化合物は Aurivillius 相（図 5.1 (d)）として知られている．また，誘電体材料として近年特に注目を集めている化合物であり，Bi 層状ペロブスカイトとよばれることもある．理想的な組成式は $(Bi_2O_2)[A_{n-1}B_nO_{3n+1}]$ と表される．(100) 系層状ペロブスカイトのなかで，ナノシートの間に存在する金属イオンのイオン交換が可能な化合物群を特にイオン交換性層状ペロブスカイトとよぶ．前述の RP 相において，A イオンはペロブスカイトナノシート層内とその層間に存在するが，そのうちナノシート層間の A イオンがイオン交換可能な化合物がこの化合物群に分類できる．イオン交換可能な A イオンを M で表すと，その組成は $M_2[A_{n-1}B_nO_{3n+1}]$ と表記される．$[A_{n-1}B_nO_{3n+1}]$ あたりの交換性陽イオンの密度が RP 相の半分となっている化合物は Dion–Jacobson 相（DJ相）とよばれ，組成は $M[A_{n-1}B_nO_{3n+1}]$ となる（図 5.1(b)）．ちなみに，Dion–Jacobson, Ruddelesden–Popper, Aurivillius はその材料を発見した研究者の名前に由来する．希土類含有ナノシートはこれら層状ペロブスカイトの A サイトに希土類イオンをドープした層状化合物を剥離することで得ることができる．このようなナノシートは発光を示すため，発光ナノシートとよばれている．発光ナノシートは，その高い二次元異方性によってシート表面に吸着した化学種の影響を受けやすいため光学センサーとして，ま

たラングミューア・ブロジェット（LB）法などによって高密度にナノシートを敷き詰めることで EL デバイスのような光学デバイスの発光層として利用できる可能性がある．さらに，酸化物は熱的・化学的に安定であるため，有機色素やポリマーと比較して光漂白などの影響を受けにくい．しかしながら，ナノシートは表面積が大きいために水によるエネルギー緩和を受けやすく，市販の蛍光体のような強い発光はまだ実現されていない．現状として，赤，緑，青に発光する発光ナノシートは報告されている（図5.2）．たとえば，上記にも記したが，赤色発光は $Gd_{1.4}Eu_{0.6}Ti_3O_{10}$ ナノシートから得ることができる．この Eu^{3+} の発光はナノシートの Ti–O ネットワークからのエネルギー移動に基づく発光と考えられている．

ここで，Gd はエネルギー移動をさらに助けていると考えられる．緑色発光は，Ta 酸化物ナノシートの A サイトにテルビウム（Tb）をドープすることにより，比較的強い緑の発光が観察される（$La_{0.3}Tb_{0.7}Ta_2O_7$ ナノシート）．Eu では Ti 系酸化物ナノシートが，Tb ではニオブ（Nb）や Ta 系酸化物ナノシートが発光に最も適してお

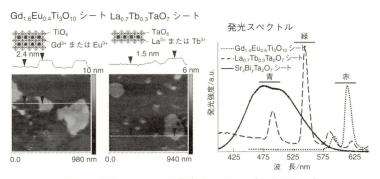

図 5.2　発光ナノシートの発光スペクトル（λ_{ex}：265 nm）

り，この組合せを変えると発光はきわめて小さいものとなる．このことは，エネルギー移動の際に，ナノシートのバンドエネルギー準位と発光する希土類イオンの f 電子準位との間に，ある種の最適な関係があることを示している．光の三原色をつくる場合の要となるのが青色発光である．希土類イオンのなかでは，Eu^{2+} をドープできれば青色に発光すると考えられているが，現状では Eu^{2+} をドープした酸化物ナノシートの合成に成功した例はない．図 5.2 には，1.3 節で紹介した青色に発光する $Sr_xBi_y Ta_2O_7$ ナノシートの発光スペクトルも重ねて示した．発光効率はまだ低いが，ナノシートを用いて光の三原色を実現することができる．

5.1.2 ナノシート化に伴う発光スペクトルの変化

希土類がドープされた層状ペロブスカイト構造をナノシートに剥離すると，剥離に伴い発光スペクトルが変化する．また，ナノシート濃度によっても，発光のスペクトルが変化することがあるので，以下，ペロブスカイト構造をもつ $Gd_{1.4}Eu_{0.6}Ti_3O_{10}$ ナノシートを例に発光スペクトルの変化を紹介する．このナノシートの出発物質である層状ペロブスカイトは $K_2Gd_{1.4}Eu_{0.6}Ti_3O_{10}$ であり，固相法により作製することができる．その構造は図 5.1(c) に示した RP 相である．次に得られた $K_2Gd_{1.4}Eu_{0.6}Ti_3O_{10}$ の層間のカリウムイオンをプロトンと交換すると $H_2Gd_{1.4}Eu_{0.6}Ti_3O_{10}$ が得られ，この層状体をエチルアミン中で撹拌することでナノシートを得ることができる．図 5.3 に $K_2Gd_{1.4}Eu_{0.6}Ti_3O_{10}$，$H_2Gd_{1.4}Eu_{0.6}Ti_3O_{10}$，$Gd_{1.4}Eu_{0.6}Ti_3O_{10}$ ナノシートの励起・発光スペクトルを示す．励起スペクトルは，220〜420 nm で励起させたときの Eu^{3+} 特有の発光（$\lambda_{em}=614nm$）をモニタリングすることによって得ている．また，発光スペクトルは励起スペクトルのピークトップの値を照射して測定している．すべてのサ

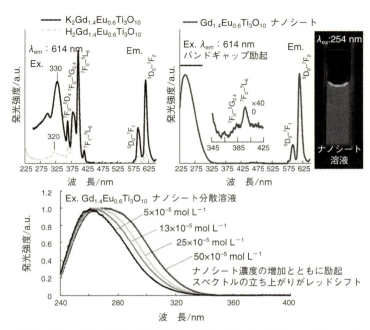

図 5.3　$K_2Gd_{1.4}Eu_{0.6}Ti_3O_{10}$, $H_2Gd_{1.4}Eu_{0.6}Ti_3O_{10}$, $Gd_{1.4}Eu_{0.6}Ti_3O_{10}$ ナノシートの励起・発光スペクトル [8]

ンプルにおいて, Eu^{3+} 特有の発光 ($^5D_0-^7F_n$ ($n=1,2$)) が見られる. 紫外線照射下でナノシート溶液は強い赤色発光を示し, その発光は肉眼でも十分に観測できる. $K_2Gd_{1.4}Eu_{0.6}Ti_3O_{10}$, $H_2Gd_{1.4}Eu_{0.6}Ti_3O_{10}$ の励起スペクトルに注目すると 350〜450 nm 付近にいくつかの強いピークが見られる. これらのピークは Eu^{3+} 自身の f-f 遷移に由来し, 紫外-可視吸収スペクトルからも確認することができる. また, 220〜350 nm 付近のブロードなピークはホスト層のバンドギャップと一致することから, バンドギャップ励起から発光中心である

Eu^{3+} イオンへのエネルギー移動に由来するものである.

　さて，ナノシート化に伴う発光スペクトルの変化は2点ある.一つ目は層状体で観察された350～450 nm 付近の f–f 遷移に関係する励起スペクトルが，ナノシートになるとほとんど観察されなくなる点である.これは，ナノシート化に伴い f–f の遷移がより禁制になることを示唆している.二つ目は，300 nm 付近の励起スペクトルのブルーシフトである.この励起はナノシートのバンドギャップ励起に相当するため，ナノシート化に伴い量子サイズ効果が発現してバンドギャップの増大が起こったためと考えられる.逆にナノシートの濃度を濃くしていくと，300 nm 付近のブロードな励起スペクトルはレッドシフトする（図5.3下）.これはナノシートの濃度増加に伴い，ナノシートどうしが近接するようになり，量子サイズ効果が薄れるためと考えられる.

5.1.3　pH に応答するナノシートの発光

　酸化物系発光ナノシートの発光中心は非常に表面近傍に位置するため，その発光は吸着イオンに非常に敏感であり，特定のイオン・分子をセンシングする発光プローブとして期待されている.有機錯体や硫化物系・セレン化合物系ナノ粒子蛍光体も発光プローブとして研究されているが，酸化物ナノシート発光体はこれらのナノ発光体と比較して，安定かつ無害といった利点があるため，長期間の使用に耐えられる環境モニター用の発光材料として期待されている.なぜ，pH に応じて発光強度が変化するかの機構は明らかになっていないが，希土類ドープ $Sr_{1-x}Bi_xTa_2O_7$ ナノシートを例にとって紹介する.

　上記のナノシートの Sr サイトには Eu^{3+} や Tb^{3+} をドープすることができ，ドープ量やその比を調整することで，赤，橙，黄，白色

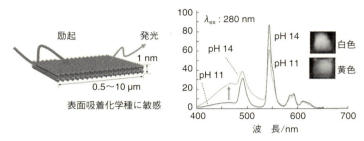

図 5.4　pH によって変化する $Sr_{0.8}Bi_{0.1}Eu_{0.1}Ta_2O_7$ ナノシートの発光

など，発光色を制御できる．たとえば，$Sr_{0.8}Bi_{0.1}Eu_{0.1}Ta_2O_7$ ナノシートはアルカリ性では白色，中性付近では橙色，酸性付近では暗い赤色と，pH 変化に応じて発光色が変化する．図 5.4 に pH を変化させたときの $Sr_{0.8}Bi_{0.1}Eu_{0.1}Ta_2O_7$ ナノシートの発光スペクトルを示す．このナノシートの場合，pH に応じて青色の発光強度が変化するため，発光色の変化が起こる．メカニズムは明らかになっていないが，pH に応じてナノシート表面の吸着が変化するためと考えられている．

5.1.4　磁場に応答するナノシートの発光

本節で紹介する希土類含有の半導体ナノシートは希土類イオン自身が磁気モーメントをもっているため，磁場に応答する．ただ，応答するといっても，発光スペクトルが変化するのではなく，ナノシートが磁場によって整列する（液晶のようになる）ことで，発光が放出される方向が変化するためである．本項では，$Gd_{1.4}Eu_{0.6}Ti_3O_{10}$ ナノシートを例にとってこの現象を紹介する．

まず，ナノシートの出発材料である層状体自身も磁場によって配向する．図 5.5 は無磁場下と有磁場下で層状体を配向させた後の X

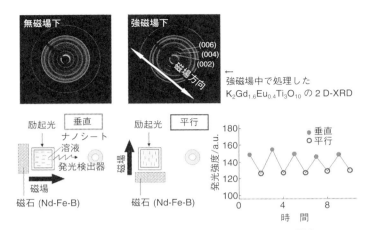

図 5.5 磁場に応答する Gd$_{1.4}$Eu$_{0.6}$Ti$_3$O$_{10}$ ナノシートの発光

線回折イメージである．無磁場下ではリング状の回折が観察されるが，有磁場下では（002）などで示したスポット状の回折が観察される．これは磁場方向に結晶の c 軸が平行になるように配列するためである．ナノシートの分散溶液に Nd-Fe-B の市販の磁石を発光スペクトルの検出器方向に対して垂直もしくは平行に配置して発光スペクトルを測定する磁場の印加方向に応じて，Eu^{3+} の 614 nm の発光強度が変化する．

5.2　希土類含有水酸化物ナノシート

　水酸化物は半導体とはみなせないかもしれないが，一部の遷移金属水酸化物ナノシートは光触媒の分野では半導体材料として研究されていることもあり，本節では発光材料として希土類水酸化物ナノシートの特徴を紹介する．

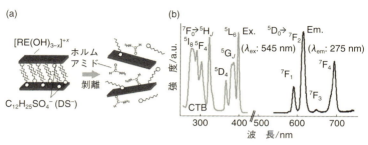

図 5.6 (a) 層状水酸化希土類の剝離と (b) 水酸化ユウロピウムシートの発光スペクトル [11]

　希土類水酸化物も層状構造を剝離することで合成することができる．たとえば，層間にドデシル硫酸イオン（DS^-）がインターカレートした層状水酸化希土類を合成した後，ホルムアミド中で撹拌することで，厚さ 1 nm 程度の水酸化希土類ナノシートを得ることができる（図 5.6(a)）．この層状体においては，DS^- のマイナス電荷を電気的に補償するため，水酸化希土類層はプラスに帯電している．5.1 節で紹介した希土類ドープの酸化物ナノシートでは酸素 2p 軌道から遷移金属の d 軌道への強い光吸収が紫外線領域に観察されたが，水酸化希土類では該当する吸収が禁制の f–f 吸収であるため非常に弱い．そのため，水酸化希土類ナノシートの発光励起スペクトルを測定すると，強度が弱いがシャープな形状の f–f 吸収ピークが数多く観察される．図 5.6(b) にホルムアミドに分散した水酸化ユウロピウム（$Eu(OH)_3$）の発光スペクトルを示す．励起スペクトルに $^7F_0$（基底状態）から $^5I_8$, $^5F_4$, ^5H_J（$J = 5, 6$），$^5D_4$, ^5G_J（$J = 3, 4, 5, 6$），および $^5L_6$ に対応するスペクトルが観察される．

　水酸化希土類ナノシートは，5.1 節で説明したように光を吸収しにくいため，強い発光は得られない．そのため，基板上に $Eu(OH)_3$

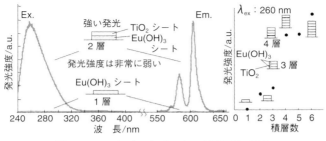

図 5.7 TiO₂/Eu(OH)₃ナノシート積層膜の発光

ナノシートを単層付着させただけは，Eu^{3+}に対応する特徴的な発光スペクトルはほとんど観察されない．しかしながら，Eu(OH)₃ナノシートの上に 1 nm の厚さの TiO₂ ナノシートを 1 層積層すると，わずか 2 nm 程度の厚さの膜であるが，強い発光を観察することができる（図 5.7）．また，両シートを積層していくと TiO₂ シートを積層したときのみに発光強度の増大が観察される．この発光励起スペクトルは，TiO₂ の紫外-可視吸収スペクトルと一致する．すなわち，この Eu^{3+} の発光は TiO₂ ナノシートがバンドギャップ励起により光を吸収し，そのエネルギーが Eu(OH)₃ ナノシートに移動して Eu^{3+} を発光させていると考えることができる．TiO₂ ナノシートはマイナス電荷，Eu(OH)₃ ナノシートはプラス電荷を帯びているため，両シートの接合は静電的な結合であり，シート界面に余分なイオンや分子が入らないため，両シート間の結合は強固なものとなり，このような効率的な二次元シート間のエネルギー移動が起こる．

5.3 濃度消光が起こりにくい発光ナノシート

蛍光体の開発において希土類のドープ量を増やしていくと発光強

コラム 9

低エネルギーイオン散乱法

ナノシート pn 接合のような薄膜の断面方向の組成分析をするためには物質の最表面の組成分析が必要である。しかしながら、X線光電子分光法（XPS）や飛行時間型二次イオン質量分析法（TOF-SIMS）は表面の分析装置としてよく知られているが、NiO(0.3nm)/n型-$Ca_2Nb_3O_{10}$シート接合膜を分析した場合、表面の NiO の信号だけでなく、3 原子層下層の Ca や Nb のシグナルも検出されてしまうため、0.1 nm 程度の最表面の組成を精密に分析することはできない。このような物質の最表面の組成を分析する手法としては、低エネルギーイオン散乱（LEIS）法を紹介する。この手法を用いると最表面の組成分析が可能である。LEIS は数 keV 程度の低エネルギーのヘリウムなどのイオンをサンプル表面に衝突させ、特定の角度に散乱したヘリウムイオンのエネルギーを分析することで、衝突した表面の原子の原子番号を特定する手法である（図1）。

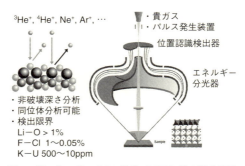

図1　低エネルギーイオン散乱（LEIS）法の測定原理

5.3 濃度消光が起こりにくい発光ナノシート　97

度が減少するという濃度消光がよく観察される．濃度消光が起こる機構として，発光中心どうしが近づく，発光中心のクラスター化が考えられている．しかしながら，発光ナノシートでは層状体に比べ

この手法は，用いる表面最近傍にきわめて敏感でかつ元素分析と構造解析が同時にリアルタイム観測できる手法である．図2(a)はナノシートpn接合をLEIS分析した結果である[1]．注目すべきは上段の表面がNiOのNiO/CNO接合体を評価した結果であり，わずか厚さ0.3 nmのNiOの下層にあるCa-Nb-OのCaとNbのシグナルが検出されていないことである．先に説明したように，同様の膜をXPSで測定した場合は，下層のCaとNbも検出されてしまう．図2(b)の下段はNiO/CNO積層膜のLEIS組成デプスプロファイルである．表面層の厚さが0.3 nmと分子レベルの膜厚にもかかわらず，明瞭に最表面ではNi：Oのシグナルが1：1で現れ，その後，Ca：Nbが約2：3のシグナル強度比で観察でき，目的のpn接合薄膜が広範囲に形成されていることが確認できる．今後はLEISによる表面分析が一般的になるであろう．

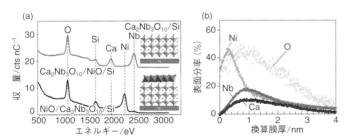

図2　NiO/CNOナノシート接合膜の（a）LEISスペクトルおよび（b）LEIS組成デプスプロファイル［1］

[1] Ida, S., Takashiba, A., Koga, S., Hagiwara, H., Ishihara, T., *J. Am. Chem. Soc.*, **136**, 1872（2014）．

98　第5章　発光ナノシートおよび層状体

て濃度消光が起こりにくい．以下にその1例を紹介する．図5.8に$CsCa_{1.9}Tb_{0.1}Ta_3O_{10}$（層状体）と$Ca_{2-x}Tb_xTa_3O_{10}$（$x=0.1$）ナノシート分散溶液の発光強度とTb-ドープ量の関係を示す（最大強度を1に規格化）．層状体ではTb^{3+}の濃度が増加すると，発光強度が減少する濃度消光が確認されるが，ナノシートの場合，Tb濃度の増加と比例して直線的に強くなり濃度消光は観察されない．層状構造ではホストどうしが近いために，両者が相互作用していると考えられ

コラム10

電圧印加によるナノシート膜の発光のON–OFF制御

　ナノシートの発光を電圧などで制御できれば，さまざまな分野で応用展開が期待できる．たとえば，光電気化学的な手法を用いることでナノシート膜の発光のON–OFF制御を達成することができる[1]．図(a)に示すようなTiO_2ナノシート/Eu^{3+}/TiO_2ナノシート層が形成されたB–ドープダイヤモンド電極（TiO/Eu電極）を作用電極としてK_2SO_4水溶液中で電極の電位を変化させながらTiO_2ナノシートのバンドギャップ以上に光を照射すると，TiO_2/Eu電極表面の発光が，ある電位を境にOFFになる．図(b)に紫外光照射下におけるTiO_2/Eu電極の発光と印加電位との関係を示す．Eu^{3+}の赤色発光をモニターすると，-1.2 V以上の電位では赤色発光が観察され，-1.2 V以下の電位では観察されない．このように，TiO/Eu電極の発光は電極電位を制御することにより容易に制御（ON/OFF）することができる．また，TiO_2/Eu電極に紫外光照射下で$-1.2\sim+1.2$ Vのパルス電位を印加すると，パルスに応じてEu^{3+}の赤色発光をON/OFFさせることができる（図(c)）．今後，環境汚染物質をモニターする発光センシング素子の開発につながるであろう．

[1] Ida, S. Ogata, C., Shiga, D., Izawa, K., Ikeue, K., Matsumoto, Y., *Angew. Chem. Int. Ed.*, **47**, 2480（2008）.

る.一方,ナノシートの場合,両者は溶液中で剥離分散しているため,お互いの距離が層状体中のホスト層間の距離に比べて十分長く,相互作用しにくいと考えられる.そのため,濃度消光が起こりにくいと考えられる.また,発光寿命を比較すると,層状体では 1.9 ms であり,ナノシート分散溶液は 3.5 ms であった.ナノシートにすることで寿命はさらに長くなる場合がある.

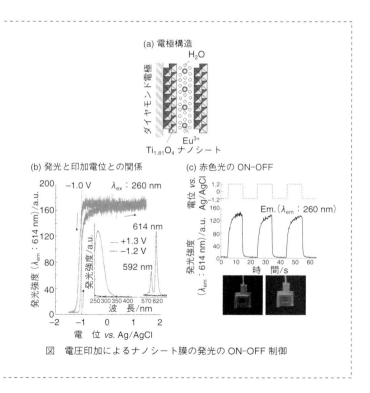

図 電圧印加によるナノシート膜の発光の ON-OFF 制御

100　第5章　発光ナノシートおよび層状体

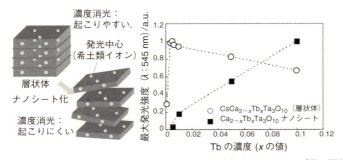

図5.8　CsCa$_{1.9}$Tb$_{0.1}$Ta$_3$O$_{10}$とそのナノシートの発光強度とTb-ドープ量の関係

5.4　発光中心の直接観察

　発光材料の中で発光中心はどのように結晶内に分布しているのであろうか．透過型電子顕微鏡の発展に伴い，1原子を見ることは簡単になっているが，バルク材料内に発光中心のようなドーパントがどのように分散しているのかを観察するのは難しい．しかしながら，発光ナノシートではその発光中心元素がどのように結晶内に分布しているのか比較的簡単に観察できる．理由は，ナノシートが非常に薄いため電子線の透過方向に金属元素が1〜3個しか存在しないためである．Ca$_{2-x}$Tb$_x$Ta$_3$O$_{10}$（$x=0.1$）シートの場合，Aサイトに発光中心であるTbがドープされている．また，このシートの場合，Bサイトに原子量が重いTa原子が3個存在するため，HAADF-STEM測定をすると，Bサイトが最も強く検出される（図5.9）．Aサイトは軽いCaであるため，Taと比較するとほとんど検出されない．しかしながら，Tbは重い元素であるため，TbがドープされたAサイトは比較的強い信号が検出される．図中に白い矢印で示した箇所がTb^{3+}の1原子発光中心である．

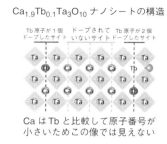
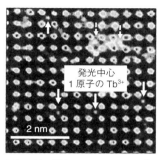

図 5.9　Ca$_{2-x}$Tb$_x$Ta$_3$O$_{10}$（$x=0.1$）シートのモデル図と HAADF-STEM 像 [5]

5.5　ナノシートから層状体へ

酸化チタンナノシートや酸化ニオブナノシートは溶液中でマイナス電荷を帯びて分散しているため，静電的相互作用を利用することにより再度，層状構造とすることができる．本節ではこのような相互作用を利用して合成した希土類層状化合物の発光特性について紹介する．

5.5.1　静電自己組織的析出法

酸化チタンナノシートや酸化ニオブナノシートの分散溶液にカチオン性の錯体，分子，イオンを添加することで，カチオン種を層間に含有させた層状複合体を作製することができる．この反応では，カチオン性のイオンや分子溶液にナノシートを加えると，瞬時に層状体が析出する（図 5.10(a)）．ナノシートとゲストを静電的に析出させ層状複合体を作製する手法なので静電自己組織的析出（electrostatic self assembly deposition：ESD）法とよばれる．この方法の利点は，実験時間を短縮化できることである．これまで層状

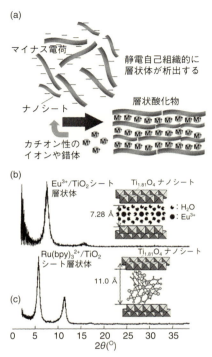

図 5.10 ESD 法のモデル図と得られた層状体の XRD パターン
(a) ESD 法のイメージ図, (b) Eu^{3+}/TiO_2 シートの XRD パターン,
(c) $Ru(bpy)_3^{2+}/TiO_2$ シートの XRD パターン

複合体の作製に用いられていたイオン交換法は,恒温状態で1週間から長いもので1箇月という長時間反応が必要であった.しかし,ESD法は室温で瞬時に凝集体が析出するため,この手法の考案により短時間で生成物が得られ,省エネルギーにも貢献できる.また,高価で煩雑な実験装置も必要としないのでコストの低い手法であるともいえる.

5.5 ナノシートから層状体へ 103

　この反応において，層間にインターカレートされるカチオン種の量はナノシートの電荷に依存し，層状チタン酸セシウム（$Cs_{0.76}Ti_{1.81}O_4$）の剥離により得られる酸化チタンナノシート（$[Ti_{1.81}O_4-sheet]^{-0.76}$）と Eu^{3+} 含有溶液との反応では，$Eu_xTi_{1.81}O_4$（$x=0.25\sim0.30$）の組成の析出物が得られ，ナノシートの電荷を補償する Eu^{3+} の理論量（$x=0.25$）とほぼ等しい量の Eu^{3+} をナノシート層間にインターカレートすることができる．

　図 5.10(b) は得られた Eu/TiO$_2$ シート層状体の XRD パターンであり，インターカレートされた Eu^{3+} は層間隔値より水和した状態で存在していることがわかっている．また，ESD 法を用いるとイオン交換反応に時間がかかる大きな $Ru(bpy)_3{}^{2+}$ 錯体を酸化チタンナノシート層間に瞬時にインターカレートできる（図 5.10(c)）．その層間隔は 15.5 Å であり，酸化チタンナノシートの厚さは約 4.5 Å であるため，層間距離は $15.5-4.5=11.0$ Å となり，$Ru(bpy)_3{}^{2+}$ のサイズに相当する．このような層状酸化物の再構築は，他の錯体・分子・金属イオンでも同様に進行する．

5.5.2　ナノシート層状体の発光の湿度依存性

　Eu^{3+}/酸化チタンナノシート層状酸化物に酸化チタンナノシートのバンドギャップエネルギー以上の紫外線を照射すると，酸化チタンナノシートから層間 Eu^{3+} へのエネルギー移動発光に基づく，Eu^{3+} の赤色発光が観察される（図 5.11(a)）．一般的に Eu^{3+} の発光は Eu^{3+} の周囲に水分子が存在すると，その水分子の分子振動などによって励起エネルギーが緩和され，Eu^{3+} の発光強度が低下する．しかしながら，この層状酸化物の場合，Eu^{3+} の発光は層間水分子によって促進され，逆に層間水分子がなくなるとその発光強度は低下する．発光現象に層間水が強く関与していることは図 5.11(b) に

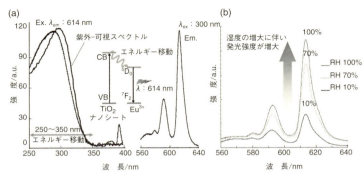

図 5.11 Eu^{3+}/酸化チタンナノシート層状体の (a) 発光スペクトルと (b) その湿度 (RH) 依存性

示すように，湿度の上昇とともに発光強度が上昇していることからも明らかである．この場合，湿度の上昇により平衡関係にある層間水の量が増加し，発光が促進するのである．層間のフリーな水分子が酸化チタンから Eu^{3+} へのエネルギー移動を促進している可能性がある．

5.5.3 ナノシート層状体のスペクトルホールバーニングと pH 応答

Eu^{3+}/酸化チタンナノシートの特異な発光現象として，励起スペクトルにおけるホールバーニングがある．図 5.12(a) に示すように励起単波長を照射し続けると，その励起光における層間希土類イオン（ここでは Eu^{3+}）の発光強度が低下し，その励起光照射を停止すると約 1 時間後にスペクトルが復帰する．結局，励起光による発光強度の低下では，励起スペクトルにおいて照射励起光の波長周辺にホール（穴）が生成した状態になる．層間水が存在すること

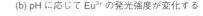
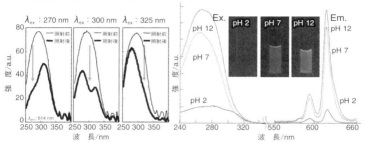

図 5.12 Eu^{3+}/酸化チタン層状体の（a）励起スペクトルにおけるスペクトルホールバーニング，（b）発光強度の pH 依存性

によりこの現象が著しく増強されることから，層間水の結合状態と励起スペクトル変化との間に強い相関関係があると考えられる．また，図 5.12(b) に示すように Eu^{3+} の発光は周囲の pH に強く影響をうけ，高い pH では強い発光が観察され，低い pH では強度が弱くなる．5.1.2 項で説明したように，この層状物質の励起スペクトルは，Ti 酸化物ナノシートのバンドギャップと一致しており，最初の励起が Ti 酸化物ナノシートのバンドギャップで生じ，その後エネルギー移動により Eu^{3+} が発光する．層間水がエネルギー移動を促進していると考えているが D$_2$O と H$_2$O 存在下での発光の強度は前者で大きく，後者で小さいことから，水分子振動による緩和効果は他の発光体と同様であることがわかる．スペクトルホールバーニングや pH によって発光が変化する機構はおそらく，Eu^{3+} の第 1 配位圏周辺に存在する水の状態（H$_2$O, H$^+$, OH$^-$）が関係しているのであろう．

参考文献

[1] Coleman, J. N. *et al*., *Science*, **331**, 568 (2011).

[2] Ida, S., *Bull. Chem. Soc. Jpn*., **88**(12), 1619 (2015).

[3] Ida, S., *Electrochemistry*, **83**(8), 637 (2015).

[4] Ida, S., Ishihara, T., *J. Phys. Chem. Lett*., **5**, 2533 (2014).

[5] Ida, S., Koga, S., Daio, T., Hagiwara, H., Ishihara, T. *Angew. Chem. Int. Ed.*, **53** (48), 13078 (2014).

[6] Ida, S., Matsumoto, Y., *Electrochemistry*, **76**(9), 687 (2008).

[7] Ida, S., Matsumoto, Y., 金属, **79**(9), 796 (2009).

[8] Ida, S., Ogata, C., Eguchi, M., Youngblood, W. J., Mallouk, T. E., Matsumoto, Y., *J. Am. Chem. Soc*., **130**(22), 7052 (2008).

[9] Ida, S., Ogata, C., Unal, U., Izawa, K., Inoue, T., Altuntasoglu, O., Matsumoto, Y., *J. Am. Chem. Soc*., **129**(29), 8956 (2007).

[10] Ida, S., Okamoto, Y., Matsuka, M., Hagiwara, H., Ishihara, T., *J. Am. Chem. Soc*., **134** (38), 15773 (2012).

[11] Ida, S., Sonoda, Y., Ikeue, K., Matsumoto, Y., *Chem. Commun*., **46**(6), 877 (2010).

[12] Ida, S., Takashiba, A., Ishihara, T., *J. Phys. Chem. C*, **117**(44), 23357 (2013).

[13] Ida, S., Takashiba, A., Koga, S., Hagiwara, H., Ishihara, T., *J. Am. Chem. Soc*., **136** (5), 1872 (2014).

[14] 国岡昭夫, 上村喜一, 『新版 基礎半導体工学』, 朝倉書店 (1985).

[15] 黒田一幸, 佐々木高義, 『無機ナノシートの科学と応用』, シーエムシー出版 (2005).

[16] Matsumoto, Y., Ida, S., Inoue, T., *J. Phys. Chem. C*, **112**(31), 11614 (2008).

[17] 中戸義禮, *Electrochemistry*, **82**(4), 299 (2014).

[18] 中戸義禮, *Electrochemistry*, **82**(4), 507 (2014).

[19] Nakato, T., Kawamata, J., Takagi, S., "Inorganic Nanosheets and Nanosheet-Based Materials", Springer Japan (2017).

[20] 日本化学会 編, CSJ Current Review『二次元物質の化学 グラフェンなどの分子シートが生み出す新世界』, 化学同人 (2017).

[21] Okamoto, Y., Ida, S., Hyodo, J., Hagiwara, H., Ishihara, T., *J. Am. Chem. Soc*., **133** (45), 18034 (2011).

索　引

【欧字】

AFM …………………………………10

Aurivillius 相 …………………………87

Bohr モデル …………………………25

Dion–Jacobson 相 ……………………87

ESD 法 ………………………………101

Fermi 準位 …………………………17
f–f 遷移 ………………………………90
Frenkel 励起子 ………………………40

HAADF–STEM ………………………77
Helmholtz 層 ………………………49

KFPM …………………………………77

Langmuir–Blodgett 法 ………………74
LB 法 …………………………………74

Mott–Wannier 励起子 ………………39

n 型半導体 …………………………24

pn 接合 ………………………………32
p 型半導体 …………………………24

Ruddelesden–Popper 相 ……………87

Schottky 接合 ………………………30

TBAOH ………………………………8
TEM …………………………………77
TiO₂ 電極 ……………………………52

【ア行】

アクセプター準位 ……………………25

移動度 ………………………………19

エチルアミン …………………………9
エネルギー移動 ………………………10

オーミック接合 ………………………30

【カ行】

価電子帯 ……………………………16
換算質量 ……………………………21
間接遷移 ……………………………34
間接励起 ……………………………12

犠牲剤 ………………………………66
キャリア密度 ………………………19
強誘電性 ……………………………23
禁制帯 ………………………………16
金属電極 ……………………………47

空間電荷層 …………………………57
空乏層 ……………………………32, 57
グラフェンナノシート ………………1

ケルビンフォースプローブ顕微鏡 ……77
原子間力顕微鏡 ……………………10

高角散乱環状暗視野走査透過型顕微鏡
………………………………77

【サ行】

酸化チタン …………………………3

108　索　引

仕事関数 ………………………28
状態密度 ………………………17
助触媒 …………………………67
ショットキー接合 ……………30
シリコン ………………………24
シリセン ………………………60
真性半導体 ……………………17

水素原子のボーアモデル ……25
水熱合成 ………………………11
スペクトルホールバーニング …85, 104

静電自己組織的析出法 ………101
静電的相互作用 ………………6
整流作用 ………………………47, 56
占有状態密度 …………………15

層状化合物の剥離 ……………6
層状酸化物 ……………………6
層状酸窒化物 …………………72
層状チタン酸化物 ……………6
層状複水酸化物 ………………8
層状ペロブスカイト …………86

【夕行】

チタン酸カリウム ……………8
窒化ホウ素 ……………………3
直接遷移 ………………………34
直接励起 ………………………12

低エネルギーイオン散乱法 …96
テトラブチルアンモニウムヒドロキシド
 …………………………………8
電荷分離 ………………………59
伝導帯 …………………………16

透過型電子顕微鏡 ……………77
導電率 …………………………20

ドデシル硫酸ナトリウム ……11
ドナー準位 ……………………25

【ナ行】

ニオブ酸カリウムカルシウム …8
二硫化モリブデン ……………3

熱励起 …………………………16

濃度消光 ………………………10, 96

【ハ行】

半導体電極 ……………………47
バンドギャップ ………………16

光エネルギー変換 ……………74
光起電力効果 …………………47
光酸化電流 ……………………58
光触媒 …………………………63
光堆積反応 ……………………58
ヒドリド ………………………77

フェルミ準位 …………………17, 27
フラットバンド電位 …………48
フレンケル励起子 ……………40
分布確率 ………………………17

平均時間 ………………………21
ヘキサメチレンテトラミン …11
ヘルムホルツ層 ………………49

ボーアモデル …………………25
ホットエレクトロン …………51
ホットホール …………………51
ホルムアミド …………………8

【マ行】

モット・ワニエ励起子 ………39

【ヤ行】

有効質量 ……………………………19

【ラ行】

ラングミュア・プロジェット法 ………74

量子サイズ効果 …………………4, 42

励起子 ………………………………39

〔著者紹介〕

伊田進太郎（いだ　しんたろう）
2004年　熊本大学大学院自然科学研究科博士後期課程修了
現　在　熊本大学大学院先端科学研究部　教授
　　　　博士（工学）
専　門　無機材料化学，光電気化学

化学の要点シリーズ　28　*Essentials in Chemistry 28*
半導体ナノシートの光機能
Optical Function of Semiconductor Nanosheet

2018年12月10日	初版1刷発行
著　者	伊田進太郎
編　集	日本化学会　Ⓒ2018
発行者	南條光章
発行所	共立出版株式会社

　　　　　［URL］　www.kyoritsu-pub.co.jp
　　　　　〒112-0006 東京都文京区小日向4-6-19　電話 03-3947-2511（代表）
　　　　　振替口座　00110-2-57035
印　刷　藤原印刷
製　本　協栄製本
　　　　　　　　　　　　　　　　　　　　　　　　printed in Japan

検印廃止
NDC　501.4
ISBN 978-4-320-04469-2

一般社団法人
自然科学書協会
会員

JCOPY　<出版者著作権管理機構委託出版物>
本書の無断複製は著作権法上での例外を除き禁じられています．複製される場合は，そのつど事前に，出版者著作権管理機構（TEL：03-3513-6969，FAX：03-3513-6979，e-mail：info@jcopy.or.jp）の許諾を得てください．